矿山地质环境恢复治理工程资料员一本通

主编　李利彬

黄河水利出版社
·郑州·

内容提要

本书是根据河南省矿山地质环境恢复治理工程的特点，参照建筑工程、装饰装修工程、道路工程、水利工程、园林绿化工程等相关成熟工程领域的既有成果进行编写的。它是一本服务于矿山地质环境恢复治理工程资料员的工具书，在全国没有此类工程资料管理规范的情况下，该书的出版，可为矿山地质环境恢复治理工程的资料编写和管理提供有效的参考。

图书在版编目(CIP)数据

矿山地质环境恢复治理工程资料员一本通/李利彬主编.—郑州:黄河水利出版社,2013.11
ISBN 978-7-5509-0481-1

Ⅰ.①矿… Ⅱ.①李… Ⅲ.①矿山地质-地质环境-治理-基本知识 Ⅳ.①TD167

中国版本图书馆 CIP 数据核字(2013)第091865号

组稿编辑:王志宽 电话:0371-66024331 E-mail:wangzhikuan83@126.com

出 版 社:黄河水利出版社 网址:www.yrcp.com
地址:河南省郑州市顺河路黄委会综合楼14层 邮政编码:450003
发行单位:黄河水利出版社
发行部电话:0371-66026940、66020550、66028024、66022620(传真)
E-mail:hhslcbs@126.com
承印单位:黄河水利委员会印刷厂
开本:787 mm×1 092 mm 1/16
印张:8.5
字数:195千字 印数:1—2 600
版次:2013年11月第1版 印次:2013年11月第1次印刷

定价:35.00元

《矿山地质环境恢复治理工程资料员一本通》编委会

主　编　李利彬

参　编　刘新红　王　刚　王新新　杨翼飞

张　博　程新涛　黄志强　李建斌

刘记成　任胜伟　宋高举　王燕芳

吴青松　姚永成　郑栋材　朱玉娟

序

《矿山地质环境恢复治理工程资料员一本通》以工程质量管理开篇，介绍了工程质量验收的划分和组织，定义了矿山地质环境恢复治理工程资料编号原则和格式，用大篇幅编集了资料模板，基本涵盖了此类项目从开工到竣工验收所需要的全部资料。本书虽然不是资料管理规范，但是其定义的工程资料编号原则和格式条理清晰、结构合理。资料模板参照了最贴切的工程质量验收规范，有章可循、有据可依，满足了此类工程资料规范管理的需要。相信本书的出版发行，会对规范矿山地质环境恢复治理工作和提高从业人员的素质与效率等起到积极的促进作用。

孔子说过，“学而不思则罔，思而不学则殆”。康德也曾说过，“感性无知性则盲，知性无感性则空”。可见，对于学习和知识获取，东西方哲人的思想是一致的。这本书也是学与思、知与行有机结合的一个成果，希望编著者以此为起点，继续保持热情，摒弃浮躁，谨记“千里之行，始于足下”，再接再厉，为生态文明建设作出新的贡献。

河南省地矿局第二地质环境调查院院长

2013 年 6 月

前　言

我国矿山地质环境恢复治理项目起步较晚，虽然在广大地质工作者的不懈努力下取得了丰硕的技术成果，但与建筑、市政、水利水电等发展成熟的工程领域相比，项目管理水平相对较低，还有很大的提升空间。

我们在进行矿山地质环境恢复治理项目管理中发现，全国范围内尚无统一的针对此类项目的工程资料管理规范。在这一背景下，不同从业人员编写的工程资料差异很大，即便是同一项目的不同标段提交的工程资料也不尽相同，很难整编成卷。不仅如此，全面而规范的工程管理资料是项目竣工验收的必要条件之一，由于无标准可依，项目评审专家往往需要进行多次讨论才能对工程质量进行定论，工作效率大打折扣。

为填补该项空白，给矿山地质环境恢复治理项目的资料编写人员提供全面的参考，提高工程资料管理效率，我们在充分调研河南省矿山地质环境恢复治理项目管理现状的基础上，结合河南省部分项目主管单位、施工单位、勘查设计单位和监理单位的需求，参考大量工程规范编写了本书。

在本书的编写过程中，灵宝市国土资源局、义马市国土资源局、陕县国土资源局等项目主管单位，河南金地工程咨询有限公司、河南省郑州地质工程勘察院、河南省地质环境调查院、河南省豫龙岩土工程有限责任公司给予了大力支持。在此，代表本书编委向为本书出版提供帮助的组织和个人表示真挚的感谢。

在本书的选题、调研和编写工作中，河南省地质矿产勘查开发局第二地质环境调查院给予了无微不至的帮助和指导，特进行感谢。

随着矿山地质环境恢复治理技术的不断发展，将有越来越多的工程技术方法运用到此类项目中，本书无法也不可能涵盖涉及此类项目的全部工程。另外，本书所参考的工程技术规范也在不断的更新和完善。加之，时间仓促，书中难免有不足之处，恳请广大读者批评指正。

作　者

2013 年 3 月

目　录

第1章　概　述

1.1　编写说明

本书是根据河南省矿山地质环境恢复治理工程的特点，参照建筑工程、装饰装修工程、道路工程、水利工程、园林绿化工程等相关成熟工程领域的既有成果进行编写的。

1.2　编写依据

(1)《地质灾害防治工程监理规范》(DZ/T 0222—2006)；
(2)《建设工程监理规范》(GB 50319—2000)；
(3)《建设工程施工质量验收统一标准》(GB 50300—2001)；
(4)《三峡库区地质灾害治理工程质量检验评定标准》(国土资源部2006.8)；
(5)《建筑地基基础工程施工质量验收规范》(GB 50202—2002)；
(6)《建筑边坡工程施工质量验收规范》(DBJ/T 50 - 100—2010)；
(7)《砌体结构工程施工质量验收规范》(GB 50203—2011)；
(8)《建筑装饰装修工程质量验收规范》(GB 50210—2001)；
(9)《混凝土结构工程施工质量验收规范》(GB 50204—2002)；
(10)《城镇道路工程施工与质量验收规范》(CJJ 1—2008)；
(11)《土地整治专项工程施工质量检验标准》(DB 42/T 563—2009)；
(12)《城市绿化工程施工及验收规范》(CJJ/T 82—99)；
(13)《建筑工程资料管理规程》(JGJ/T 185—2009)；
(14)灵宝、义马、陕县财政局收集的资料；
(15)其他相关法律、法规、技术文件。

1.3　主要内容

本书主要包括矿山地质环境恢复治理工程的施工单位和监理单位用表，涉及土石方工程、基础工程、砌筑结构工程、混凝土结构工程、边坡工程、道路工程、土地整治及绿化工程、管井工程和勘查工程，共九个工程类型(或阶段)。

工程资料模板共计111个，其中，A类(施工单位通用表格)23个、B类(监理单位通用表格)12个、C类(质量管理表格)76个。基本涵盖了从项目开工到项目竣工验收贯穿整个项目实施过程的全部资料模板。

第2章　工程质量验收划分

工程质量验收应划分为单位(子单位)工程、分部(子分部)工程、分项工程和检验批四个层次。施工单位需要依据设计、按照一定的原则对四个验收层次进行划分,并将单位(子单位)工程和分部(子分部)工程的划分情况填入"单位、分部工程划分报审表",在工程开工报审时报请监理单位审批。

2.1　单位(子单位)工程

单位(子单位)工程的划分按照下列原则确定:

(1)具备独立施工条件并能形成独立使用功能的建筑物及构筑物为一个单位工程;

(2)建筑规模较大的单位工程,可将其形成独立功能的部分划为一个子单位工程。

2.2　分部(子分部)工程

分部(子分部)工程的划分按照下列原则确定:

(1)分部工程的划分按专业性质、工程部位确定;

(2)当分部工程较大或较复杂时,可按材料种类、施工特点、施工程序、专业系统及类别等划分为若干个子分部工程。

2.3　分项工程

分项工程按工种、材料、施工工艺、设备类别等进行划分。

2.4　检验批

检验批可根据施工及质量控制和专业验收需要进行划分。

2.5　矿山地质环境恢复治理工程验收层次划分

根据以上验收层次划分原则及河南省矿山地质环境恢复治理工程的特点,建议将整个治理项目划为一个单位工程,分标段的将每个标段划为一个单位工程(或子单位工程)。单位工程内所包含的不同工程类型为一个分部工程,根据各分部工程类型的特点进行分项工程和检验批的划分。

第 3 章　工程质量验收与组织

按照工程的建造顺序，工程质量验收应从检验批、分项工程、分部（子分部）工程和单位（子单位）工程自下而上逐级进行。其中，单位工程和分部工程验收按照监理审批的“单位、分部工程划分报审表”进行。各级验收工作分别由不同的责任人进行组织。

3.1　检验批

检验批应由监理工程师（或业主单位的项目技术负责人）组织施工单位项目专业质量（或技术）负责人等进行验收。检验批合格的条件如下：

（1）主控项目和一般项目的质量经抽样检验合格；

（2）具有完整的施工操作依据、质量检查记录。

3.2　分项工程

同检验批一样，分项工程应由监理工程师（或业主单位的项目技术负责人）组织施工单位项目专业质量（或技术）负责人等进行验收。分项工程合格的条件如下：

（1）分项工程所含的检验批应符合合格质量的规定；

（2）分项工程所含的检验批的质量记录应完整。

3.3　分部（子分部）工程

分部（子分部）工程应由总监理工程师（或业主单位的项目负责人）组织施工单位项目负责人和技术、质量负责人等进行验收。项目勘查、设计单位的项目负责人及施工单位技术、质量部门负责人也应参加相关分部工程验收。分部（子分部）工程合格的条件如下：

（1）分部（子分部）工程所含分项工程的质量均应验收合格；

（2）质量控制资料完整；

（3）有关安全及功能的检验和抽检结果应符合有关规定；

（4）观感质量验收应符合要求。

3.4　单位（子单位）工程

单位（子单位）工程完工后，施工单位应自行组织有关人员进行检查评定，并向业主单位提交工程总结报告。收到工程总结报告后，应由业主单位（或项目）负责人组织施工

单位、设计单位、监理单位(或项目)负责人及业主单位聘请的专家进行单位(子单位)工程验收。合格标准如下:

(1)所含分部(子分部)工程的质量均应验收合格;

(2)质量控制资料应完整;

(3)所含分部工程有关安全和功能的检测资料应完整;

(4)主要功能项目的抽检结果应符合相关专业质量验收规范的规定;

(5)观感质量验收应符合要求。

3.5 矿山地质环境恢复治理工程项目竣工验收

依据国土资源主管部门对矿山地质环境恢复治理工程验收的要求,应组织专家对竣工的项目分初步验收和最终验收两个阶段进行验收。对于省财政项目,初步验收一般由项目所在地县级国土资源局组织,最终验收由项目所在地地级市国土资源局组织。对于中央财政项目,初步验收一般由项目所在地地级市国土资源局组织验收,最终验收由项目所在地省级国土资源厅组织验收。从工程质量验收角度来说,专家组的验收属于单位工程质量验收,专家组应对本章第3.4节要求的内容进行重点检查。

第4章　资料格式定义

为统一编写和管理,该章对各类资料表格的格式及编号进行规定。

4.1　一般要求

表格自上而下应分四部分,最上面为表格名称,其下为项目名称及编号(二者为同一行),中间主体部分为具体内容(表格形式),最下面为有关存档单位的说明(部分表格没有该部分)。各部分格式要求如表4-1所示。

表4-1　格式要求

序号	内容	格式			
		字型	字号	对齐方式	备注
1	表格名称	中文:宋体,加粗 西文:Times New Roman,加粗	小四	居中	
2	项目名称及编号	中文:宋体 西文:Times New Roman	五号	两端	项目名称左对齐 编号右对齐
3	主题内容			按应用文格式	表格宽度为14.66 mm
4	说明			左对齐	
页面设置		纸张尺寸:A4 页边距:上下2.54 cm,左右3.17 cm			
其他要求		表格中需要填写的部分设置下划线,落款中单位名称须打印并盖章,签名、日期及意见应采用手写的格式,单张表格不编页码			

4.2　编号规则

工程资料采用三段六位的编号规则,前两位为分部工程代号,中间三位为资料类别代号,后三位为序号,如图4-1所示。

如果工程资料是属于单位工程的,分部工程代号字段略去,精简为两段六位的编码。

分部工程代号如表4-2所示。

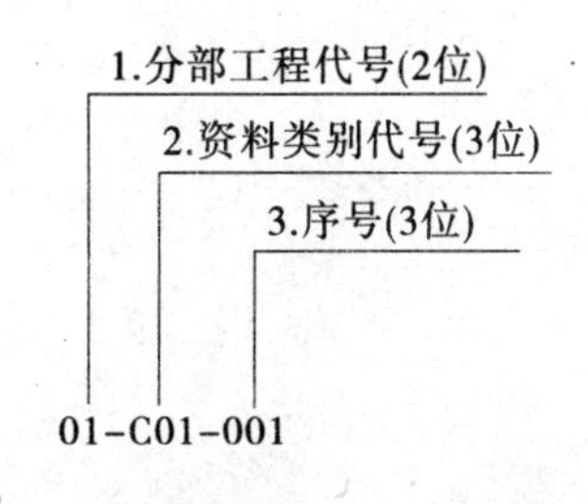

图4-1　资料编号规则示意图

表 4-2　分部工程代号

序号	分部工程名称	代号	备注
1	土石方工程	01	
2	基础工程	02	
3	砌筑结构工程	03	
4	混凝土结构工程	04	
5	边坡工程	05	
6	道路工程	06	
7	土地整治及绿化工程	07	
8	管井工程	08	
9	勘查工程	09	

资料类别代号如表 4-3 所示。

表 4-3　资料类别代号

序号	资料类别	代号	备注
1	施工单位通用表格	A	
2	监理单位通用表格	B	
3	质量管理表格	C	

第 5 章　格式文件

5.1　A 类(施工单位通用表格)

A 类为项目施工单位通用表格,共 23 个。主要参考《地质灾害防治工程监理规范》(DZ/T 0222—2006)和《建设工程监理规范》(GB 50319—2000)编制,如表 5-1 所示。

表 5-1　A 类表格一览表

序号	表格名称	表格编号	备注
1	工程开工/复工报审表	A01	
2	施工组织设计(方案)报审表	A02	
3	分包单位资格报审表	A03	
4	单位、分部工程划分报审表	A04	
5	______报验申请表	A05	
6	工程款支付申请表	A06	
7	监理通知回复单	A07	
8	工程临时延期申请表	A08	
9	工程材料/构配件/设备报审表	A09	
10	费用索赔申请表	A10	
11	施工测量放线报验单	A11	
12	施工进度计划报审表	A12	
13	分部/分项工程质量报验认可单	A13	
14	工程竣工报验单	A14	
15	工程变更单	A15	
16	施工单位通用申报表	A16	
17	技术交底记录	A17	
18	安全交底记录	A18	
19	验槽记录	A19	
20	隐蔽工程检查记录	A20	
21	工程计量单	A21	
22	施工日记		
23	施工周报		

工程开工/复工报审表

工程名称：　　　　　　　　　　　　　　　　　　　　　　编号:A01 -

<table>
<tr><td>
致：　　　　　　　　　　　　　　　　　　（监理单位）
我方承担的________________________工程,已完成了开工的各项准备工作,具备了开工/复工条件,特此申请施工,请核查并签发开工/复工指令。
附:1. 开工报告
2. 证明文件

施工单位(章)____________
项目经理____________
日　期______年____月____日
</td></tr>
<tr><td>
审查意见：

监理单位____________
总监理工程师____________
日　期______年____月____日
</td></tr>
</table>

说明:本表一式三份,监理单位审批后,返回施工单位一份,送业主单位一份。

施工组织设计(方案)报审表

工程名称:　　　　　　　　　　　　　　　　　　　　　　　　　　　　　　编号:A02 -

<table>
<tr><td>致:　　　　　　　　　　　　　　　　（监理单位）
　　我方已根据施工合同的有关规定完成了________________________工程施工组织设计(方案)的编制,并经我单位上级技术负责人审查批准,请予以审查。
　　附:施工组织设计(方案)

施工单位(章)______________
项目经理______________
日　期______年___月___日</td></tr>
<tr><td>专业监理工程师审查意见:

专业监理工程师______________
日　期______年___月___日</td></tr>
<tr><td>总监理工程师审核意见:

监理单位______________
总监理工程师______________
日　期______年___月___日</td></tr>
</table>

说明:本表一式三份,监理单位审批后,返回施工单位一份,送业主单位一份。

分包单位资格报审表

工程名称： 编号：A03 -

致： （监理单位）

经考察，我方认为拟选择的______________________（分包单位）具有承担下列工程的施工资质和施工能力，可以保证本工程项目按合同的规定进行施工。分包后，我方仍承担总包单位的全部责任，请予以审查和批准。

附：1. 分包单位资质材料；

2. 分包单位业绩材料。

分包工程名称（部位）	工程数量	拟分包工程合同额	分包工程占全部工程
合计			

施工单位（章）______________________

项目经理______________________

日 期______年____月____日

专业监理工程师审查意见：

专业监理工程师______________________

日 期______年____月____日

总监理工程师审核意见：

监理单位______________________

总监理工程师______________________

日 期______年____月____日

说明：本表一式三份，监理单位审批后，返回施工单位一份，送业主单位一份。

单位、分部工程划分报审表

工程名称：　　　　　　　　　　　　　　　　　　　　　　编号：A04－

单位工程名称	分部工程名称	分部工程编号	备注

施工单位(章)________________

项目经理________________

日　期______年____月____日

审查意见：

监理单位________________

总监理工程师________________

日　期______年____月____日

说明：本表一式三份，监理单位审批后，返回施工单位一份，送业主单位一份。

____________报验申请表

工程名称：　　　　　　　　　　　　　　　　　　　　　　　　　　　　　编号：A05 -

<table>
<tr><td>致：　　　　　　　　　　　　　　　　　　（监理单位）
我单位已完成了________________________工作，现报上该工程报验申请表，请予以审查和验收。
附：

施工单位（章）____________
项目经理____________
日　期______年___月___日</td></tr>
<tr><td>审查意见：

监理单位____________
总监理工程师____________
日　期______年___月___日</td></tr>
</table>

说明：本表一式三份，监理单位审批后，返回施工单位一份，送业主单位一份。

工程款支付申请表

工程名称： 编号：A06－

致：（业主单位） 我方已完成了________________工作，按施工合同的规定，业主单位应在____年__月__日前支付该项工程款共（大写）________（小写：______），现报上工程款支付申请表，请予以审查。 附：1. 施工合同； 2. 工程计量单。 施工单位（章）________ 项目经理________ 日　期____年__月__日
监理单位意见： 监理单位________ 总监理工程师________ 日　期____年__月__日
业主单位意见： 业主单位________ 项目负责人________ 日　期____年__月__日

说明：本表一式三份，监理和业主单位审批后，返回施工单位一份。

监理通知回复单

工程名称：　　　　　　　　　　　　　　　　　　　　　　　　　　　　编号：A07 -

<table>
<tr><td>致：　　　　　　　　　　　　　　　　　　　　（监理单位）
　　我方接到编号为________________________的监理通知后，已按要求完成了________________________工作，现报上，请予以复查。
　　详细内容：

　　　　　　　　　　　　　　　　　　　　施工单位（章）________________
　　　　　　　　　　　　　　　　　　　　项目经理________________
　　　　　　　　　　　　　　　　　　　　日　期______年____月____日</td></tr>
<tr><td>复查意见：

　　　　　　　　　　　　　　　　　　　　监理单位________________
　　　　　　　　　　　　　　　　总/专业监理工程师________________
　　　　　　　　　　　　　　　　　　　　日　期______年____月____日</td></tr>
</table>

说明：本表一式三份，监理单位审批后，返回施工单位一份，送业主单位一份。

工程临时延期申请表

工程名称： 编号：A08 -

<table>
<tr><td>
致： （监理单位）
根据施工合同条款________条的规定，由于______________________________原因，我方申请工程延期，请予以批准。
附：1. 工程延期的依据及工期计算

合同竣工日期：________年____月____日
申请延长竣工日期：________年____月____日

2. 证明材料

施工单位（章）____________________
项目经理____________________
日　期________年____月____日
</td></tr>
</table>

说明：本表一式三份，监理单位审批后，返回施工单位一份，送业主单位一份。

工程材料/构配件/设备报审表

工程名称：　　　　　　　　　　　　　　　　　　　　　　　　　　　　　　编号：A09 -

<table>
<tr><td>
致：　　　　　　　　　　　　　　（监理单位）
　　我方于________年____月____日进场的工程材料/构配件/设备数量如下（见附件）。现将质量证明文件及自检结果报上，拟用于下述部位：
____
____
请予以审核。
　　附：1. 数量清单；
　　　　2. 质量证明文件；
　　　　3. 自检结果。

施工单位（章）____________________
项目经理____________________
日　期________年____月____日
</td></tr>
<tr><td>
审查意见：
　　经检查，上述工程材料/构配件/设备符合/不符合设计文件和规范的要求，准许/不准许进场，同意/不同意适用于拟定部位。

监理单位____________________
总/专业监理工程师____________________
日　期________年____月____日
</td></tr>
</table>

说明：本表一式三份，监理单位审批后，返回施工单位一份，送业主单位一份。

费用索赔申请表

工程名称： 编号：A10 -

致： （监理单位）

根据施工合同条款__________条的规定，由于______________________________原因，我方要求索赔金额（大写）______________（小写：__________），请予以批准。

索赔的详细理由和经过：

索赔金额的计算：

附：证明材料

施工单位（章）______________________

项目经理______________________

日　期________年____月____日

说明：本表一式三份，监理单位审批后，返回施工单位一份，送业主单位一份。

施工测量放线报验单

工程名称：　　　　　　　　　　　　　　　　　　　　　　　　　　编号：A11 -

<table>
<tr><td>致：　　　　　　　　　　　　　　（监理单位）
根据合同约定,我方已完成（部位）________________的测量放线,经自检合格,请予以查验。
附:放线的依据材料______页
放线成果表______页

测量员（签字）______________　　岗位证书号______________
验收人（签字）______________　　岗位证书号______________
施工单位（章）______________
日　期______年____月____日</td></tr>
<tr><td>查验意见：

监理单位______________
专业监理工程师______________
日　期______年____月____日</td></tr>
</table>

说明:本表一式三份,监理单位审批后,返回施工单位一份,送业主单位一份。

施工进度计划报审表

工程名称：　　　　　　　　　　　　　　　　　　　　编号：A12 -

<table>
<tr><td>致：　　　　　　　　　　　　（监理单位）
　　现报________________________________工程施工进度计划，请予以审查和批准。
　　附：施工进度计划____份

　　　　　　　　　　　　　　　　施工单位（章）____________
　　　　　　　　　　　　　　　　项目经理____________
　　　　　　　　　　　　　　　　日　期______年____月____日</td></tr>
<tr><td>查验意见：

　　　　　　　　　　　　　　　　监理单位____________
　　　　　　　　　　　　　　　　专业监理工程师____________
　　　　　　　　　　　　　　　　日　期______年____月____日</td></tr>
</table>

说明：本表一式三份，监理单位审批后，返回施工单位一份，送业主单位一份。

分部/分项工程质量报验认可单

工程名称： 编号：A13－

<table>
<tr><td>
致： （监理单位）
________________（分部/分项工程）已经完成施工，按设计文件及有关规范进行了自检，质量等级为合格，请予以查验。
附：1. 质量保证资料汇总表 ____份
2. 工程自检记录单 ____份
3. 隐蔽工程检查记录 ____份
4. 分项工程质量检验评定表 ____份
5. 分部工程质量检验评定表 ____份
6. 其他 ____份

质量检验员________________
施工单位（章）________________
项目经理________________
日 期______年____月____日
</td></tr>
<tr><td>
查验意见：

监理单位________________
总/专业监理工程师________________
日 期______年____月____日
</td></tr>
</table>

说明：本表一式三份，监理单位审批后，返回施工单位一份，送业主单位一份。

工程竣工报验单

工程名称：　　　　　　　　　　　　　　　　　　　　　　　　　　　　编号：A14 -

<table>
<tr><td>
致：　　　　　　　　　　　　　　　　　　　　（监理单位）
我方已按合同要求完成了________________________工程，经自检合格，请予以检查和验收。
附：1. 质量保证资料汇总表　　____份
2. 工程自检记录单　　____份
3. 隐蔽工程检查记录　　____份
4. 分项工程质量检验评定表　　____份
5. 分部工程质量检验评定表　　____份
6. 其他　　____份

施工单位（章）____________________
项目经理____________________
日　期________年____月____日
</td></tr>
<tr><td>
查验意见：
经初步验收，该工程
1. 符合/不符合我国现行法律、法规要求；
2. 符合/不符合我国相关工程标准；
3. 符合/不符合设计文件要求；
4. 符合/不符合施工合同要求。
综上所述，该工程初步验收合格/不合格，可以/不可以组织正式验收。

监理单位____________________
总监理工程师____________________
日　期________年____月____日
</td></tr>
</table>

说明：本表一式三份，监理单位审批后，返回施工单位一份，送业主单位一份。

工程变更单

工程名称：　　　　　　　　　　　　　　　　　　　　　　　　编号:A15 -

<table>
<tr><td colspan="4">致：　　　　　　　　　　　　　　　　　　（监理单位）
　　由于＿＿＿＿＿＿＿＿＿＿＿＿＿＿＿＿原因，兹提出＿＿＿＿＿＿＿＿＿＿＿＿＿＿＿＿工程变更（内容见附件），请予以审批。
　　附：

施工单位＿＿＿＿＿＿＿＿
代 表 人＿＿＿＿＿＿＿＿
日　　期＿＿＿年＿＿月＿＿日</td></tr>
<tr><td colspan="4">一致意见：</td></tr>
<tr><td>业主单位代表
签章：

日期＿＿年＿＿月＿＿日</td><td>勘查单位代表
签章：

日期＿＿年＿＿月＿＿日</td><td>设计单位代表
签章：

日期＿＿年＿＿月＿＿日</td><td>监理单位代表
签章：

日期＿＿年＿＿月＿＿日</td></tr>
</table>

说明：本表一式五份，相关单位各存一份。

施工单位通用申报表

工程名称：　　　　　　　　　　　　　　　　　　　　　　　　　　　　　　编号：A16 -

致：　　　　　　　　　　　　　　　　　　　　　　　　　　（监理单位）

事由：

内容：

附件：

施工单位(章)____________________

项目经理____________________

日　　期________年____月____日

说明：本表一式三份，监理单位审批后，返回施工单位一份，送业主单位一份。

技术交底记录

工程名称： 编号：A17 -

施工单位			
交底日期		分项工程	
交底摘要			

交底内容：

审核人		交底人		接底人	

说明：1. 本表由施工单位填写，交底单位与接受交底单位各存一份。

2. 当作分项工程施工技术交底时，应填写“分项工程”栏，其他技术交底可以不填写。

安全交底记录

工程名称：　　　　　　　　　　　　　　　　　　　　　　　　　　　　编号：A18－

<table>
<tr><td>施工单位</td><td colspan="5"></td></tr>
<tr><td>交底项目(部位)</td><td colspan="2"></td><td>交底日期</td><td colspan="2"></td></tr>
<tr><td colspan="6">交底内容(安全措施与注意事项)：</td></tr>
<tr><td>交底人</td><td></td><td>接受交底班组长</td><td></td><td>接受交底人数</td><td></td></tr>
</table>

说明：本表由施工单位填写并保存(一式三份，班组一份、安全员一份、交底人一份)。

验槽记录

工程名称： 编号：A19 -

<table>
<tr><td>分部工程</td><td></td><td>日期</td><td colspan="3"></td></tr>
<tr><td colspan="6">检验依据：
1. 设计图纸及设计文件；
2. 施工组织设计；
3. 定位控制网。

检验内容：</td></tr>
<tr><td colspan="6">基槽平面图、剖面图：</td></tr>
<tr><td colspan="6">检查意见：</td></tr>
<tr><td rowspan="2">签字栏</td><td>勘查单位</td><td>设计单位</td><td>施工单位</td><td>监理单位</td><td>业主单位</td></tr>
<tr><td></td><td></td><td></td><td></td><td></td></tr>
</table>

说明：本表一式五份，相关单位各存一份。

隐蔽工程检查记录

工程名称： 编号：A20 -

隐蔽项目		检查日期	
隐蔽部位			

隐检依据：

1. 设计图纸及设计文件；
2. 国家相关标准等。

隐检内容：

申报人：

检查意见：

经检查：

检查结论：□同意隐蔽 □不同意，修改后再进行复查

复查结论：

复查人： 复查日期：________年____月____日

签字栏	业主（监理）单位	施工单位		
		技术负责人	质检员	施测人

说明：本表由施工单位填报，业主单位、施工单位、监理单位各存一份。

工程计量单

工程名称：　　　　　　　　　　　　　　　　　　　　　　　　　编号:A21 -

分项工程名称			
计量部位		计量时间	年　月　日
计量草图：			
计算式：			
计量单位		工程数量	
项目经理		总/专业监理工程师	

说明：本表由施工单位填报，业主单位、施工单位、监理单位各存一份。

施工日记

______年____月____日

<table>
<tr><td>今日
气象</td><td>温度　最高____℃
　　　最低____℃</td><td>风力：____级
风向：</td><td>上午______
下午______　天</td><td colspan="2">形象进度：______</td></tr>
<tr><td colspan="6">今日施工情况</td></tr>
<tr><td>施工小组</td><td>人数</td><td>施工内容及部位</td><td>完成任务情况</td><td>质量验收</td><td>施工负责人</td></tr>
<tr><td></td><td></td><td></td><td></td><td></td><td></td></tr>
<tr><td></td><td></td><td></td><td></td><td></td><td></td></tr>
<tr><td></td><td></td><td></td><td></td><td></td><td></td></tr>
<tr><td></td><td></td><td></td><td></td><td></td><td></td></tr>
<tr><td></td><td></td><td></td><td></td><td></td><td></td></tr>
<tr><td></td><td></td><td></td><td></td><td></td><td></td></tr>
<tr><td colspan="6">主要事项记录</td></tr>
<tr><td colspan="6"></td></tr>
<tr><td colspan="6">记录人：____________</td></tr>
</table>

施工周报

项目名称：

填报日期	______年____月____日	本周期限	______年____月____日—______年____月____日
投入人员设备			
安全管理			
质量管理			
进度管理			
施工中存在问题及解决方案			
需要业主协调问题			
下周计划			
项目经理		总/专业监理工程师	

5.2 B类(监理单位通用表格)

B类为项目监理单位通用表格,共12个。主要参考《地质灾害防治工程监理规范》(DZ/T 0222—2006)和《建设工程监理规范》(GB 50319—2000)编制,如表5-2所示。

表5-2 B类表格一览表

序号	表格名称	表格编号	备注
1	监理通知单	B01	
2	工程开工/复工令	B02	
3	工程暂停令	B03	
4	工程款支付证书	B04	
5	工程临时/最终延期审批	B05	
6	费用索赔审批表	B06	
7	监理工作联系单	B07	
8	会议签到表	B08	
9	会议纪要	B09	
10	旁站监理记录	B10	
11	收发文记录簿		
12	监理日记		

监理通知单

工程名称：　　　　　　　　　　　　　　　　　　　　　　　　　　编号:B01 -

致：　　　　　　　　　　　　　　　　　　　　　　　　　　（施工单位）

事由：

内容：

监理单位________________

总/专业监理工程师________________

日　　期______年____月____日

说明:本表一式三份,监理单位审批后,返回施工单位一份,送业主单位一份。

工程开工/复工令

工程名称：　　　　　　　　　　　　　　　　　　　　　　　　　　　编号：B02－

<table>
<tr><td colspan="4">致：　　　　　　　　　　　　　　　　　　　（施工单位）
　　你单位于____________报送的__________________________工程开工/复工报审表已经通过审议，从即日起可适时安排施工。施工过程中，请加强现场调度和质量管理，注意安全生产，严格按章作业，文明施工，确保工程质量和进度要求，保证工程顺利进展。

监理单位____________________
总监理工程师____________________
日　　期_______年____月____日</td></tr>
<tr><td colspan="4">业主单位意见：

业主单位____________________
项目负责人____________________
日　　期_______年____月____日</td></tr>
<tr><td>批准开工工程项目及编号</td><td></td><td>计划施工时段</td><td>_____年___月___日—_____年___月___日</td></tr>
<tr><td>附录</td><td colspan="3"></td></tr>
</table>

说明：本表一式三份，监理单位审批后，返回施工单位一份，送业主单位一份。

工程暂停令

工程名称：　　　　　　　　　　　　　　　　　　　　　　　　　　　　　　编号：B03 -

致：＿＿＿＿＿＿＿＿＿＿＿＿＿＿＿＿＿＿（施工单位）

由于＿＿＿＿＿＿＿＿＿＿＿＿＿＿＿＿＿＿＿＿＿＿＿＿＿＿＿＿＿原因，现通知你方必须于＿＿＿＿年＿＿＿月＿＿＿日＿＿＿＿时起，对本工程的＿＿＿＿＿部位（工序）实施暂停施工，并按下述要求做好各项工作：

监理单位＿＿＿＿＿＿＿＿＿＿

总监理工程师＿＿＿＿＿＿＿＿＿＿

日　　期＿＿＿＿年＿＿月＿＿日

说明：本表一式三份，监理单位审批后，返回施工单位一份，送业主单位一份。

工程款支付证书

工程名称：　　　　　　　　　　　　　　　　　　　　　　　　　　编号：B04 -

致：　　　　　　　　　　　　　　　　　　（业主单位）

根据施工合同的规定，经审核承包单位的付款申请和报表，同意本期支付工程款共（大写）＿＿＿＿＿＿＿＿（小写：＿＿＿＿＿＿），请按合同规定及时付款。

其中：1. 施工单位申报款为：

2. 经审核承包单位应得款为：

3. 本期应扣款为：

4. 本期应付款为：

附：1. 施工单位的工程款申请表及附件；

2. 项目监理机构审查记录。

监理单位＿＿＿＿＿＿＿＿＿＿

总监理工程师＿＿＿＿＿＿＿＿＿＿

日　　期＿＿＿＿年＿＿月＿＿日

说明：本表一式三份，监理单位审批后，返回施工单位一份，送业主单位一份。

工程临时/最终延期审批

工程名称：　　　　　　　　　　　　　　　　　　　　　　　　编号：B05 -

致：　　　　　　　　　　　　（施工单位）

根据施工合同条款________条的规定，我方对你方提出的____________________________工程延期申请（编号________）要求延长工期________日历天的要求，经过审核评估：

□临时/最终同意工期延长________日历天。使竣工日期（包括指令延长的工期）从原来的________年________月________日延迟到________年________月________日。请你方执行。

□不同意延长工期，请按约定竣工日期组织施工。

说明：

监理单位____________________

总监理工程师____________________

日　　期________年____月____日

说明：本表一式三份，监理单位审批后，返回施工单位一份，送业主单位一份。

费用索赔审批表

工程名称：　　　　　　　　　　　　　　　　　　　　　　　　　　编号：B06 -

致：　　　　　　　　　　　　　　　　　（施工单位）

根据施工合同条款__________条的规定，我方对你方提出的____费用索赔申请（第________号），索赔__________，经过审核评估：

□不同意此项索赔。

□同意此项索赔，金额为（大写）__________。

同意/不同意索赔的理由：

索赔金额的计算：

监理单位______________________

总监理工程师______________________

日　　期________年____月____日

说明：本表一式三份，监理单位审批后，返回施工单位一份，送业主单位一份。

监理工作联系单

工程名称：　　　　　　　　　　　　　　　　　　　　　　　　　　编号：B07 -

<table>
<tr><td>致：　　　　　　　　　　　　　　　　　　　　（施工单位）
事由：

内容：

监理单位________________
负责人________________
日　期______年____月____日</td></tr>
</table>

说明：本表一式三份，监理单位审批后，返回施工单位一份，送业主单位一份。

会议签到表

工程名称：　　　　　　　　　　　　　　　　　　　　　　　　　　编号：B08 -

会议时间			
会议地点			
会议主持		记录人	
出席单位	出席会议人员签到		

说明：本表共一份，出席会议人员签到后由监理单位存档。

会议纪要

工程名称：　　　　　　　　　　　　　　　　　　　　　　　　　　　　编号：B09 -

<table>
<tr><td>会议名称</td><td colspan="3"></td></tr>
<tr><td>会议时间</td><td>年　　月　　日</td><td>会议地点</td><td></td></tr>
<tr><td>会议主要议题</td><td colspan="3"></td></tr>
<tr><td>组织单位</td><td></td><td>主持人</td><td></td></tr>
<tr><td rowspan="10">主要参加人员</td><td>单位</td><td>姓名</td><td>联系方式</td></tr>
<tr><td></td><td></td><td></td></tr>
<tr><td></td><td></td><td></td></tr>
<tr><td></td><td></td><td></td></tr>
<tr><td></td><td></td><td></td></tr>
<tr><td></td><td></td><td></td></tr>
<tr><td></td><td></td><td></td></tr>
<tr><td></td><td></td><td></td></tr>
<tr><td></td><td></td><td></td></tr>
<tr><td></td><td></td><td></td></tr>
<tr><td>会议主要内容</td><td colspan="3"></td></tr>
</table>

记录人：

说明：本表由监理单位填写发放，参会单位各存一份。

旁站监理记录

工程名称：　　　　　　　　　　　　　　　　　　　　　　　　编号：B10 -

日期		天气	
工程地点			
旁站监理的部位或工序			
旁站监理开始时间		旁站监理结束时间	
施工情况：			
监理情况：			
发现问题：			
处理意见：			
备注：			
施工单位：____________		监理单位：____________	
质检员（签字）：________________		旁站监理人员（签字）：________________	
________年____月____日		________年____月____日	

说明：本表一式三份，业主单位、监理单位、施工单位各存一份。

收发文记录簿

工程名称：

序号	文件名称	文件编号	发文单位	发送人	接收人	日期

监理日记

________年____月____日　星期____　最高温度:________℃ 最低温度:________℃(晴　雨　雪)

分部分项工程	施工情况
原材料	

存在问题(包括工程进度与质量)	处理情况

其他(包括安全、停工等情况)

填报人:

5.3 C类(质量管理表格)

C类为工程质量管理表格,共76个。主要参考《建筑地基基础工程施工质量验收规范》(GB 50202—2002)、《建筑边坡工程施工质量验收规范》(DBJ/T 50 - 100—2010)、《砌体结构工程施工质量验收规范》(GB 50203—2011)、《建筑装饰装修工程质量验收规范》(GB 50210—2001)、《混凝土结构工程施工质量验收规范》(GB 50204—2002)、《城镇道路工程施工与质量验收规范》(CJJ 1—2008)、《土地整治专项工程施工质量检验标准》(DB 42/T 563—2009)、《供水管井设计、施工及验收规范》(CJJ 10—86)等质量验收规范编写,如表5-3所示。

表5-3　C类表格一览表

序号	表格名称	表格编号	备注
1	单位(子单位)工程质量竣工验收记录	C01	
2	单位(子单位)工程质量控制资料核查记录	C02	
3	单位(子单位)工程安全和功能检验资料核查及主要功能抽查记录	C03	
4	单位(子单位)工程观感质量检查记录	C04	
5	分部(子分部)工程质量验收记录	C05	
6	____分项工程质量验收记录	C06	
7	土方开挖工程质量验收记录	01 - C07	
8	土方回填工程质量验收记录	01 - C08	
9	天然地基质量验收记录	02 - C09	
10	灰土地基质量验收记录	02 - C10	
11	砂和砂石地基质量验收记录	02 - C11	
12	粉煤灰地基质量验收记录	02 - C12	
13	强夯地基质量验收记录	02 - C13	
14	石砌体工程质量验收记录	03 - C14	
15	砖砌体工程质量验收记录	03 - C15	
16	一般抹灰工程质量验收记录	03 - C16	
17	清水砌体勾缝工程质量验收记录	03 - C17	
18	现浇混凝土模板安装工程质量验收记录	04 - C18	
19	预制构件模板安装工程质量验收记录	04 - C19	
20	模板拆除工程质量验收记录	04 - C20	
21	钢筋原材料质量验收记录	04 - C21	

续表 5-3

序号	表格名称	表格编号	备注
22	钢筋加工工程质量验收记录	04 – C22	
23	钢筋连接工程质量验收记录	04 – C23	
24	钢筋安装工程质量验收记录	04 – C24	
25	混凝土原材料质量验收记录	04 – C25	
26	混凝土配合比设计验收记录	04 – C26	
27	混凝土施工工程质量验收记录	04 – C27	
28	现浇混凝土外观质量验收记录	04 – C28	
29	装配式混凝土工程预制构件质量验收记录	04 – C29	
30	装配式混凝土工程施工质量验收记录	04 – C30	
31	挡土墙基础工程质量验收记录	05 – C31	
32	现浇混凝土挡土墙浇筑质量验收记录	05 – C32	
33	砌筑挡土墙施工质量验收记录	05 – C33	
34	挡土墙后回填土工程质量验收记录	05 – C34	
35	排(截)水沟工程施工质量验收记录	05 – C35	
36	现浇混凝土护栏施工质量验收记录	05 – C36	
37	预制混凝土护栏施工质量验收记录	05 – C37	
38	护栏和扶手制作与安装工程质量验收记录	05 – C38	
39	护坡工程施工质量验收记录	05 – C39	
40	灌注桩施工准备质量验收记录	05 – C40	
41	灌注桩施工质量验收记录	05 – C41	
42	锚杆(索)工程施工质量验收记录	05 – C42	
43	土方路基工程施工质量验收记录	06 – C43	
44	挖石方路基工程施工质量验收记录	06 – C44	
45	填石路基工程施工质量验收记录	06 – C45	
46	田间道路挖方路基工程施工质量验收记录	06 – C46	
47	田间道路填方路基工程施工质量验收记录	06 – C47	
48	田间道路基层填筑工程施工质量验收记录	06 – C48	
49	田间道路路肩及边沟工程施工质量验收记录	06 – C49	
50	石灰稳定土基层施工质量验收记录	06 – C50	

续表 5-3

序号	表格名称	表格编号	备注
51	水泥稳定土基层施工质量验收记录	06 – C51	
52	级配砂砾及级配砾石基层施工质量验收记录	06 – C52	
53	级配碎石及级配碎砾石基层施工质量验收记录	06 – C53	
54	沥青混合料(沥青碎石)基层施工质量验收记录	06 – C54	
55	热拌沥青混合料面层施工质量验收记录	06 – C55	
56	冷拌沥青混合料面层施工质量验收记录	06 – C56	
57	水泥混凝土面层施工质量验收记录	06 – C57	
58	料石铺砌路面工程质量验收记录	06 – C58	
59	预制混凝土砌块铺砌路面工程质量验收记录	06 – C59	
60	料石铺砌人行道路面工程质量验收记录	06 – C60	
61	混凝土砌块铺砌人行道路面工程质量验收记录	06 – C61	
62	沥青混合料铺筑人行道路面工程质量验收记录	06 – C62	
63	田间道路泥结石路面施工质量验收记录	06 – C63	
64	田间道路级配碎(砾)石路面施工质量验收记录	06 – C64	
65	田间道路水泥混凝土路面施工质量验收记录	06 – C65	
66	农用地整治工程质量验收记录	07 – C66	
67	未利用土地开发工程质量验收记录	07 – C67	
68	植树工程质量验收记录	07 – C68	
69	草皮护坡工程质量验收记录	07 – C69	
70	蓄水池工程质量验收记录	07 – C70	
71	渠道清淤工程质量验收记录	07 – C71	
72	混凝土衬砌渠道工程质量验收记录	07 – C72	
73	块石衬砌渠道工程质量验收记录	07 – C73	
74	涵管工程质量验收记录	07 – C74	
75	管井工程质量验收记录	08 – C75	
76	勘查工程单孔验收记录	09 – C76	

"验收记录表"应根据工程类型及设计文件中采用的技术规范进行选用。例如,浆砌石挡渣墙工程质量验收时即可以采用"石砌体工程质量验收记录"(编号:03 – C14),也可以采用"砌筑挡土墙施工质量验收记录"(编号:05 – C33),至于选用哪个模板,应根据设计采用的规范进行选择。

单位(子单位)工程质量竣工验收记录

工程名称：　　　　　　　　　　　　　　　　　　　　　　　　编号：C01 -

施工单位负责人		施工单位技术负责人	
项目经理		项目技术负责人	
开工日期		竣工日期	

序号	项目	验收记录	验收结论
1	分部工程	共______分部，经查______分部符合标准及设计要求，______分部不符合标准及设计要求	
2	质量控制资料核查	共______项，经审查符合要求______项，经核定符合规范要求______项	
3	安全和主要使用功能核查及抽查结果	共核查______项，符合要求______项，共抽查______项，符合要求______项，经返工处理符合要求______项	
4	观感质量验收	共抽查______项，符合要求______项，不符合要求______项	
5	综合验收结论		

参加验收单位	
业主单位(公章) 单位(项目)负责人：______________ ________年____月____日	监理单位(公章) 单位(项目)负责人：______________ ________年____月____日
施工单位(公章) 单位(项目)负责人：______________ ________年____月____日	设计单位(公章) 单位(项目)负责人：______________ ________年____月____日

单位(子单位)工程质量控制资料核查记录

工程名称：　　　　　　　　　　　　　　　　　　　　　　　　编号：C02 -

序号	资料名称	份数	核查意见	核查人
1	图纸会审、设计变更、洽商记录			
2	工程定位测量、放线记录			
3	原材料出厂合格证及进场检(试)验报告			
4	施工试验报告及见证检测报告			
5	隐蔽工程验收记录			
6	预制构件、预拌混凝土合格证			
7	分部、分项工程质量验收记录			
8				
9				
10				
11				
12				
13				
14				
15				
16				
17				
18				

结论：

项目经理：________ ________年____月____日	总监理工程师 (业主单位项目负责人)：________ ________年____月____日

单位(子单位)工程安全和功能检验资料核查及主要功能抽查记录

工程名称：　　　　　　　　　　　　　　　　　　　　　　　　　　编号：C03 -

序号	安全和功能检查项目	份数	核查 意见	抽查 结果	核查人
1					
2					
3					
4					
5					
6					
7					
8					
9					
10					
11					
12					
13					
14					
15					
16					
17					
18					
结论：					
项目经理：__________ ________年____月____日			总监理工程师 (业主单位项目负责人)：__________________ ________年____月____日		

单位(子单位)工程观感质量检查记录

工程名称: 编号:C04 -

序号	项目	抽查质量状况										质量评价		
												好	一般	差
1														
2														
3														
4														
5														
6														
7														
8														
9														
10														
11														
12														
13														
14														
15														
16														
17														
18														

结论:

项目经理:__________	总监理工程师 (业主单位项目负责人):__________
年 月 日	年 月 日

注:质量评价为差的项目,应进行返修。

分部(子分部)工程质量验收记录

工程名称: 编号:C05 -

<table>
<tr><td colspan="2">施工单位
负责人</td><td></td><td>施工单位
技术负责人</td><td></td></tr>
<tr><td colspan="2">项目经理</td><td></td><td>项目技术
负责人</td><td></td></tr>
<tr><td>序号</td><td>分项工程名称</td><td>检验批数</td><td>施工单位
检查评定结果</td><td>验收意见</td></tr>
<tr><td>1</td><td></td><td></td><td></td><td rowspan="11"></td></tr>
<tr><td>2</td><td></td><td></td><td></td></tr>
<tr><td>3</td><td></td><td></td><td></td></tr>
<tr><td>4</td><td></td><td></td><td></td></tr>
<tr><td>5</td><td></td><td></td><td></td></tr>
<tr><td>6</td><td></td><td></td><td></td></tr>
<tr><td>7</td><td></td><td></td><td></td></tr>
<tr><td>8</td><td></td><td></td><td></td></tr>
<tr><td>9</td><td></td><td></td><td></td></tr>
<tr><td>10</td><td></td><td></td><td></td></tr>
<tr><td>11</td><td></td><td></td><td></td></tr>
<tr><td colspan="2">质量控制资料</td><td></td><td></td><td></td></tr>
<tr><td colspan="2">安全和功能检验(检测)报告</td><td></td><td></td><td></td></tr>
<tr><td colspan="2">观感质量验收</td><td></td><td></td><td></td></tr>
<tr><td rowspan="4">验收
单位</td><td>施工单位</td><td colspan="3">项目经理__________________ ________年___月___日</td></tr>
<tr><td>勘查单位</td><td colspan="3">项目负责人__________________ ________年___月___日</td></tr>
<tr><td>设计单位</td><td colspan="3">项目负责人__________________ ________年___月___日</td></tr>
<tr><td>监理(业主)单位</td><td colspan="3">总监理工程师
(业主单位项目负责人)__________ ________年___月___日</td></tr>
</table>

________分项工程质量验收记录

工程名称： 编号：C06 -

<table>
<tr><td colspan="2">项目经理</td><td></td><td>项目技术
负责人</td><td colspan="2"></td></tr>
<tr><td>序号</td><td colspan="2">检验批部位、区段</td><td>施工单位
检查评定结果</td><td colspan="2">监理（业主）单位验收结论</td></tr>
<tr><td>1</td><td colspan="2"></td><td></td><td colspan="2"></td></tr>
<tr><td>2</td><td colspan="2"></td><td></td><td colspan="2"></td></tr>
<tr><td>3</td><td colspan="2"></td><td></td><td colspan="2"></td></tr>
<tr><td>4</td><td colspan="2"></td><td></td><td colspan="2"></td></tr>
<tr><td>5</td><td colspan="2"></td><td></td><td colspan="2"></td></tr>
<tr><td>6</td><td colspan="2"></td><td></td><td colspan="2"></td></tr>
<tr><td>7</td><td colspan="2"></td><td></td><td colspan="2"></td></tr>
<tr><td>8</td><td colspan="2"></td><td></td><td colspan="2"></td></tr>
<tr><td>9</td><td colspan="2"></td><td></td><td colspan="2"></td></tr>
<tr><td>10</td><td colspan="2"></td><td></td><td colspan="2"></td></tr>
<tr><td>11</td><td colspan="2"></td><td></td><td colspan="2"></td></tr>
<tr><td>12</td><td colspan="2"></td><td></td><td colspan="2"></td></tr>
<tr><td>13</td><td colspan="2"></td><td></td><td colspan="2"></td></tr>
<tr><td>14</td><td colspan="2"></td><td></td><td colspan="2"></td></tr>
<tr><td>15</td><td colspan="2"></td><td></td><td colspan="2"></td></tr>
<tr><td>16</td><td colspan="2"></td><td></td><td colspan="2"></td></tr>
<tr><td>检查结论</td><td colspan="2">项目技术负责人：________
____年____月____日</td><td>验收结论</td><td colspan="2">总监理工程师
（业主单位项目负责人）：________
____年____月____日</td></tr>
</table>

土方开挖工程质量验收记录

工程名称：　　　　　　　　　　　　　　　　　　　　　　　　编号：01－C07－

<table>
<tr><td colspan="2">分项工程名称</td><td colspan="4"></td><td>验收部位</td><td></td></tr>
<tr><td colspan="2">施工执行标准及编号</td><td colspan="6">《建筑地基基础工程施工质量验收规范》GB 50202—2002</td></tr>
<tr><td colspan="2">项目经理</td><td colspan="4"></td><td>专业工长</td><td></td></tr>
<tr><td colspan="2" rowspan="3">检验项目</td><td colspan="4">质量验收规范的规定</td><td rowspan="3">施工单位
检查评定记录</td><td rowspan="3">监理（业主）
单位验收记录</td></tr>
<tr><td rowspan="2">柱基基坑基槽</td><td colspan="2">挖方场地平整</td><td rowspan="2">管沟</td></tr>
<tr><td>人工</td><td>机械</td></tr>
<tr><td rowspan="3">主控项目</td><td>1. 标高</td><td>－50</td><td>±30</td><td>±50</td><td>－50</td><td></td><td rowspan="3"></td></tr>
<tr><td>2. 长度、宽度（由设计中心线向两边量）</td><td>＋200
－50</td><td>＋300
－100</td><td>＋500
－150</td><td>＋100</td><td></td></tr>
<tr><td>3. 边坡</td><td colspan="4">设计要求</td><td></td></tr>
<tr><td rowspan="2">一般项目</td><td>1. 表面平整度</td><td>20</td><td>20</td><td>50</td><td>20</td><td></td><td rowspan="2"></td></tr>
<tr><td>2. 基底土性</td><td colspan="4">设计要求</td><td></td></tr>
<tr><td colspan="2">施工单位
检查评定结果</td><td colspan="6">项目专业质量检查员：____________________
项目专业质量（技术）负责人：______________
________年____月____日</td></tr>
<tr><td colspan="2">监理（业主）单位
验收结论</td><td colspan="6">监理工程师（业主单位项目技术负责人）：____________________
________年____月____日</td></tr>
</table>

注：本表格由施工项目专业质量检查员填写，监理工程师（业主单位项目技术负责人）组织项目专业质量（技术）负责人等进行验收。

土方回填工程质量验收记录

工程名称：　　　　　　　　　　　　　　　　　　　　　　　　　编号:01－C08－

<table>
<tr><td colspan="2">分项工程名称</td><td colspan="4"></td><td>验收部位</td><td colspan="2"></td></tr>
<tr><td colspan="2">施工执行标准及编号</td><td colspan="7">《建筑地基基础工程施工质量验收规范》GB 50202—2002</td></tr>
<tr><td colspan="2">项目经理</td><td colspan="4"></td><td>专业工长</td><td colspan="2"></td></tr>
<tr><td colspan="2" rowspan="3">检验项目</td><td colspan="4">质量验收规范的规定</td><td colspan="2" rowspan="3">施工单位
检查评定记录</td><td rowspan="3">监理(业主)
单位验收记录</td></tr>
<tr><td rowspan="2">柱基基坑基槽</td><td colspan="2">挖方场地平整</td><td rowspan="2">管沟</td></tr>
<tr><td>人工</td><td>机械</td></tr>
<tr><td rowspan="2">主控项目</td><td>1. 标高</td><td>－50</td><td>±30</td><td>±50</td><td>－50</td><td colspan="2"></td><td></td></tr>
<tr><td>2. 分层压实系数</td><td colspan="4">设计要求</td><td colspan="2"></td><td></td></tr>
<tr><td rowspan="4">一般项目</td><td>1. 回填土料</td><td colspan="4">设计要求</td><td colspan="2"></td><td></td></tr>
<tr><td>2. 分层厚度及含水量</td><td colspan="4">设计要求</td><td colspan="2"></td><td></td></tr>
<tr><td>3. 表面平整度</td><td>20</td><td>20</td><td>30</td><td>20</td><td colspan="2"></td><td></td></tr>
<tr><td></td><td></td><td></td><td></td><td></td><td colspan="2"></td><td></td></tr>
<tr><td colspan="2">施工单位
检查评定结果</td><td colspan="7">项目专业质量检查员：
项目专业质量(技术)负责人：
年　月　日</td></tr>
<tr><td colspan="2">监理(业主)单位
验收结论</td><td colspan="7">监理工程师(业主单位项目技术负责人)：
年　月　日</td></tr>
</table>

注:本表格由施工项目专业质量检查员填写,监理工程师(业主单位项目技术负责人)组织项目专业质量(技术)负责人等进行验收。

天然地基质量验收记录

工程名称：　　　　　　　　　　　　　　　　　　　　　　　　编号:02－C09－

<table>
<tr><td colspan="2">分项工程名称</td><td></td><td>验收部位</td><td></td></tr>
<tr><td colspan="2">施工执行标准及编号</td><td colspan="3">《建筑边坡工程施工质量验收规范》DBJ/T 50－100—2010</td></tr>
<tr><td colspan="2">项目经理</td><td></td><td>专业工长</td><td></td></tr>
<tr><td colspan="2">检验项目</td><td>质量验收规范的规定</td><td>施工单位检查评定记录</td><td>监理(业主)单位验收记录</td></tr>
<tr><td rowspan="3">主控项目</td><td>1. 地基承载力</td><td>设计要求</td><td></td><td rowspan="3"></td></tr>
<tr><td></td><td></td><td></td></tr>
<tr><td></td><td></td><td></td></tr>
<tr><td rowspan="7">一般项目</td><td>1. 压实填土的压实系数</td><td>设计要求</td><td></td><td rowspan="7"></td></tr>
<tr><td>2. 地基与基础的摩擦系数</td><td>设计要求</td><td></td></tr>
<tr><td></td><td></td><td></td></tr>
<tr><td></td><td></td><td></td></tr>
<tr><td></td><td></td><td></td></tr>
<tr><td></td><td></td><td></td></tr>
<tr><td></td><td></td><td></td></tr>
<tr><td colspan="2">施工单位检查评定结果</td><td colspan="3">项目专业质量检查员:________
项目专业质量(技术)负责人:________
______年____月____日</td></tr>
<tr><td colspan="2">监理(业主)单位验收结论</td><td colspan="3">监理工程师(业主单位项目技术负责人):________
______年____月____日</td></tr>
</table>

注:本表格由施工项目专业质量检查员填写,监理工程师(业主单位项目技术负责人)组织项目专业质量(技术)负责人等进行验收。

灰土地基质量验收记录

工程名称：　　　　　　　　　　　　　　　　　　　　　　　　　　　　　　编号:02－C10－

<table>
<tr><td colspan="2">分项工程名称</td><td></td><td>验收部位</td><td></td></tr>
<tr><td colspan="2">施工执行标准及编号</td><td colspan="3">《建筑地基基础工程施工质量验收规范》GB 50202—2002</td></tr>
<tr><td colspan="2">项目经理</td><td></td><td>专业工长</td><td></td></tr>
<tr><td colspan="2">检验项目</td><td>质量验收规范的规定</td><td>施工单位检查评定记录</td><td>监理(业主)单位验收记录</td></tr>
<tr><td rowspan="3">主控项目</td><td>1. 地基承载力</td><td>设计要求</td><td></td><td rowspan="10"></td></tr>
<tr><td>2. 配合比</td><td>设计要求</td><td></td></tr>
<tr><td>3. 压实系数</td><td>设计要求</td><td></td></tr>
<tr><td rowspan="7">一般项目</td><td>1. 石灰粒径</td><td>≤5 mm</td><td></td></tr>
<tr><td>2. 土料有机质含量</td><td>≤5%</td><td></td></tr>
<tr><td>3. 土颗粒粒径</td><td>≤15 mm</td><td></td></tr>
<tr><td>4. 含水量偏差(与最优含水量比较)</td><td>±2%</td><td></td></tr>
<tr><td>5. 分层厚度偏差(与设计要求比较)</td><td>±50 mm</td><td></td></tr>
<tr><td></td><td></td><td></td></tr>
<tr><td></td><td></td><td></td></tr>
<tr><td colspan="2">施工单位检查评定结果</td><td colspan="3">项目专业质量检查员：
项目专业质量(技术)负责人：
年　月　日</td></tr>
<tr><td colspan="2">监理(业主)单位验收结论</td><td colspan="3">监理工程师(业主单位项目技术负责人)：
年　月　日</td></tr>
</table>

注：本表格由施工项目专业质量检查员填写，监理工程师(业主单位项目技术负责人)组织项目专业质量(技术)负责人等进行验收。

砂和砂石地基质量验收记录

工程名称：　　　　　　　　　　　　　　　　　　　　　　　　　　　　编号：02－C11－

<table>
<tr><td colspan="2">分项工程名称</td><td colspan="2"></td><td>验收部位</td><td></td></tr>
<tr><td colspan="2">施工执行标准及编号</td><td colspan="4">《建筑地基基础工程施工质量验收规范》GB 50202—2002</td></tr>
<tr><td colspan="2">项目经理</td><td colspan="2"></td><td>专业工长</td><td></td></tr>
<tr><td colspan="3">检验项目</td><td>质量验收规范的规定</td><td>施工单位检查评定记录</td><td>监理（业主）单位验收记录</td></tr>
<tr><td rowspan="3">主控项目</td><td colspan="2">1. 地基承载力</td><td>设计要求</td><td></td><td rowspan="3"></td></tr>
<tr><td colspan="2">2. 配合比</td><td>设计要求</td><td></td></tr>
<tr><td colspan="2">3. 压实系数</td><td>设计要求</td><td></td></tr>
<tr><td rowspan="7">一般项目</td><td colspan="2">1. 砂石料有机质含量</td><td>≤5%</td><td></td><td rowspan="7"></td></tr>
<tr><td colspan="2">2. 砂石料含泥量</td><td>≤5%</td><td></td></tr>
<tr><td colspan="2">3. 石料粒径</td><td>≤100 mm</td><td></td></tr>
<tr><td colspan="2">4. 含水量偏差（与最优含水量比较）</td><td>±2%</td><td></td></tr>
<tr><td colspan="2">5. 分层厚度偏差（与设计要求比较）</td><td>±50 mm</td><td></td></tr>
<tr><td colspan="2"></td><td></td><td></td></tr>
<tr><td colspan="2"></td><td></td><td></td></tr>
<tr><td colspan="3">施工单位检查评定结果</td><td colspan="3">项目专业质量检查员：
项目专业质量（技术）负责人：
年　月　日</td></tr>
<tr><td colspan="3">监理（业主）单位验收结论</td><td colspan="3">监理工程师（业主单位项目技术负责人）：
年　月　日</td></tr>
</table>

注：本表格由施工项目专业质量检查员填写，监理工程师（业主单位项目技术负责人）组织项目专业质量（技术）负责人等进行验收。

粉煤灰地基质量验收记录

工程名称：　　　　　　　　　　　　　　　　　　　　　　　　　　　编号:02－C12－

分项工程名称			验收部位	
施工执行标准及编号	《建筑地基基础工程施工质量验收规范》GB 50202—2002			
项目经理			专业工长	
检验项目		质量验收规范的规定	施工单位检查评定记录	监理（业主）单位验收记录
主控项目	1. 地基承载力	设计要求		
	2. 压实系数	设计要求		
一般项目	1. 粉煤灰粒径	0.001～2.000 mm		
	2. 氧化铝及二氧化硅含量	≥70%		
	3. 烧失量	≤12 mm		
	4. 含水量偏差（与最优含水量比较）	±2%		
	5. 每层铺设厚度	±50 mm		
施工单位检查评定结果	项目专业质量检查员： 项目专业质量（技术）负责人： 年　月　日			
监理（业主）单位验收结论	监理工程师（业主单位项目技术负责人）： 年　月　日			

注：本表格由施工项目专业质量检查员填写，监理工程师（业主单位项目技术负责人）组织项目专业质量（技术）负责人等进行验收。

强夯地基质量验收记录

工程名称： 编号:02 - C13 -

<table>
<tr><td colspan="2">分项工程名称</td><td colspan="2"></td><td>验收部位</td><td></td></tr>
<tr><td colspan="2">施工执行标准及编号</td><td colspan="4">《建筑地基基础工程施工质量验收规范》GB 50202—2002</td></tr>
<tr><td colspan="2">项目经理</td><td colspan="2"></td><td>专业工长</td><td></td></tr>
<tr><td colspan="2">检验项目</td><td>质量验收规范的规定</td><td colspan="2">施工单位检查评定记录</td><td>监理(业主)单位验收记录</td></tr>
<tr><td rowspan="2">主控项目</td><td>1. 地基强度</td><td>设计要求</td><td colspan="2"></td><td rowspan="2"></td></tr>
<tr><td>2. 地基承载力</td><td>设计要求</td><td colspan="2"></td></tr>
<tr><td rowspan="7">一般项目</td><td>1. 夯锤落距偏差</td><td>±300 mm</td><td colspan="2"></td><td rowspan="7"></td></tr>
<tr><td>2. 锤重偏差</td><td>±100 kg</td><td colspan="2"></td></tr>
<tr><td>3. 夯击遍数及顺序</td><td>设计要求</td><td colspan="2"></td></tr>
<tr><td>4. 夯点间距偏差</td><td>±500 mm</td><td colspan="2"></td></tr>
<tr><td>5. 夯击范围</td><td>设计要求</td><td colspan="2"></td></tr>
<tr><td>6. 前后两遍间歇时间</td><td>设计要求</td><td colspan="2"></td></tr>
<tr><td></td><td></td><td colspan="2"></td></tr>
<tr><td colspan="2">施工单位
检查评定结果</td><td colspan="4">项目专业质量检查员:________________
项目专业质量(技术)负责人:____________
______年____月____日</td></tr>
<tr><td colspan="2">监理(业主)单位
验收结论</td><td colspan="4">监理工程师(业主单位项目技术负责人):________________
______年____月____日</td></tr>
</table>

注:本表格由施工项目专业质量检查员填写,监理工程师(业主单位项目技术负责人)组织项目专业质量(技术)负责人等进行验收。

石砌体工程质量验收记录

工程名称:　　　　　　　　　　　　　　　　　　　　　　　　　　　　　　编号:03 - C14 -

分项工程名称			验收部位	
施工执行标准及编号	《砌体结构工程施工质量验收规范》GB 50203—2011			
项目经理			专业工长	
检验项目		质量验收规范的规定	施工单位检查评定记录	监理(业主)单位验收记录
主控项目	1. 石材强度等级	设计要求		
	2. 砂浆强度等级	设计要求		
	3. 砂浆饱满度	≥80%		
一般项目	1. 轴线位置偏差	7.3.1 条		
	2. 砌体顶面标高	7.3.1 条		
	3. 砌体厚度	7.3.1 条		
	4. 垂直度	7.3.1 条		
	5. 表面平整度	7.3.1 条		
	6. 水平灰缝平直度	7.3.1 条		
	7. 组砌形式	7.3.2 条		
施工单位检查评定结果	项目专业质量检查员: 项目专业质量(技术)负责人: 年　月　日			
监理(业主)单位验收结论	监理工程师(业主单位项目技术负责人): 年　月　日			

注:本表格由施工项目专业质量检查员填写,监理工程师(业主单位项目技术负责人)组织项目专业质量(技术)负责人等进行验收。

砖砌体工程质量验收记录

工程名称：　　　　　　　　　　　　　　　　　　　　　　　　　　　　编号:03 - C15 -

分项工程名称			验收部位	
施工执行标准及编号	《砌体结构工程施工质量验收规范》GB 50203—2011			
项目经理			专业工长	
检验项目		质量验收规范的规定	施工单位检查评定记录	监理(业主)单位验收记录
主控项目	1. 砖强度等级	设计要求		
	2. 砂浆强度等级	设计要求		
	3. 斜槎留置	5.2.3 条		
	4. 转角、交接处处理	5.2.3 条		
	5. 直槎拉结钢筋及接槎处理	5.2.4 条		
	6. 砂浆饱满度	≥80%(墙)		
		≥90%(柱)		
一般项目	1. 轴线位置偏差	≤10 mm		
	2. 垂直度	≤10 mm		
	3. 组砌方法	5.3.1 条		
	4. 水平灰缝厚度	5.3.2 条		
	5. 竖向灰缝厚度	5.3.2 条		
	6. 顶面标高	±15 mm		
	7. 表面平整度	<5 mm(清水)		
		≤8 mm(混水)		
	8. 水平灰缝平直度	<7 mm(清水)		
		≤10 mm(混水)		
	9. 清水墙游丁走缝	≤20 mm		
施工单位检查评定结果	项目专业质量检查员:________ 项目专业质量(技术)负责人:________ ____年___月___日			
监理(业主)单位验收结论	监理工程师(业主单位项目技术负责人):________ ____年___月___日			

注:本表格由施工项目专业质量检查员填写,监理工程师(业主单位项目技术负责人)组织项目专业质量(技术)负责人等进行验收。

一般抹灰工程质量验收记录

工程名称：　　　　　　　　　　　　　　　　　　　　　　　　编号:03－C16－

<table>
<tr><td colspan="2">分项工程名称</td><td></td><td>验收部位</td><td></td></tr>
<tr><td colspan="2">施工执行标准及编号</td><td colspan="3">《建筑装饰装修工程质量验收规范》GB 50210—2001</td></tr>
<tr><td colspan="2">项目经理</td><td></td><td>专业工长</td><td></td></tr>
<tr><td colspan="2">检验项目</td><td>质量验收规范的规定</td><td>施工单位检查评定记录</td><td>监理(业主)单位验收记录</td></tr>
<tr><td rowspan="6">主控项目</td><td>1. 基层质量</td><td>表面无尘土、污垢、油渍等，并洒水湿润</td><td></td><td rowspan="15"></td></tr>
<tr><td>2. 材料品种和性能</td><td>设计要求</td><td></td></tr>
<tr><td>3. 水泥凝结时间和安定性</td><td>复验合格</td><td></td></tr>
<tr><td>4. 砂浆配合比</td><td>设计要求</td><td></td></tr>
<tr><td>5. 抹灰分层</td><td>4.2.4 条</td><td></td></tr>
<tr><td>6. 黏结质量</td><td>4.2.5 条</td><td></td></tr>
<tr><td rowspan="9">一般项目</td><td>1. 表观质量</td><td>4.2.6 条
4.2.7 条</td><td></td></tr>
<tr><td>2. 厚度</td><td>4.2.8 条</td><td></td></tr>
<tr><td>3. 分格缝</td><td>4.2.9 条</td><td></td></tr>
<tr><td>4. 滴水线(槽)</td><td>4.2.10 条</td><td></td></tr>
<tr><td>5. 立面垂直度</td><td>≤4 mm</td><td></td></tr>
<tr><td>6. 表面平整度</td><td>≤4 mm</td><td></td></tr>
<tr><td>7. 阴阳角方正</td><td>≤4 mm</td><td></td></tr>
<tr><td>8. 分隔条(缝)直线度</td><td>≤4 mm</td><td></td></tr>
<tr><td>9. 墙裙、勒脚上口直线度</td><td>≤4 mm</td><td></td></tr>
<tr><td colspan="2">施工单位检查评定结果</td><td colspan="3">项目专业质量检查员：________
项目专业质量(技术)负责人：________
________年____月____日</td></tr>
<tr><td colspan="2">监理(业主)单位验收结论</td><td colspan="3">监理工程师(业主单位项目技术负责人)：________
________年____月____日</td></tr>
</table>

注：本表格由施工项目专业质量检查员填写，监理工程师(业主单位项目技术负责人)组织项目专业质量(技术)负责人等进行验收。

清水砌体勾缝工程质量验收记录

工程名称： 编号：03－C17－

<table>
<tr><td colspan="2">分项工程名称</td><td></td><td>验收部位</td><td colspan="2"></td></tr>
<tr><td colspan="2">施工执行标准及编号</td><td colspan="4">《建筑装饰装修工程质量验收规范》GB 50210—2001</td></tr>
<tr><td colspan="2">项目经理</td><td></td><td>专业工长</td><td colspan="2"></td></tr>
<tr><td colspan="2">检验项目</td><td>质量验收规范的规定</td><td colspan="2">施工单位检查评定记录</td><td>监理（业主）单位验收记录</td></tr>
<tr><td rowspan="3">主控项目</td><td>1. 水泥凝结时间和安定性</td><td>复验合格</td><td colspan="2"></td><td rowspan="3"></td></tr>
<tr><td>2. 砂浆配合比</td><td>设计要求</td><td colspan="2"></td></tr>
<tr><td>3. 黏结质量</td><td>无漏勾、黏结牢固、无开裂</td><td colspan="2"></td></tr>
<tr><td rowspan="10">一般项目</td><td>1. 表观质量</td><td>横平竖直、交接处平顺、宽度和深度均匀、表面压实抹平</td><td colspan="2"></td><td rowspan="10"></td></tr>
<tr><td>2. 颜色</td><td>颜色一致、表面洁净</td><td colspan="2"></td></tr>
<tr><td></td><td></td><td colspan="2"></td></tr>
<tr><td></td><td></td><td colspan="2"></td></tr>
<tr><td></td><td></td><td colspan="2"></td></tr>
<tr><td></td><td></td><td colspan="2"></td></tr>
<tr><td></td><td></td><td colspan="2"></td></tr>
<tr><td></td><td></td><td colspan="2"></td></tr>
<tr><td></td><td></td><td colspan="2"></td></tr>
<tr><td></td><td></td><td colspan="2"></td></tr>
<tr><td colspan="2">施工单位
检查评定结果</td><td colspan="4">项目专业质量检查员：
项目专业质量（技术）负责人：
年 月 日</td></tr>
<tr><td colspan="2">监理（业主）单位
验收结论</td><td colspan="4">监理工程师（业主单位项目技术负责人）：
年 月 日</td></tr>
</table>

注：本表格由施工项目专业质量检查员填写，监理工程师（业主单位项目技术负责人）组织项目专业质量（技术）负责人等进行验收。

现浇混凝土模板安装工程质量验收记录

工程名称：　　　　　　　　　　　　　　　　　　　　　　　　　　编号:04 - C18 -

分项工程名称		验收部位	
施工执行标准及编号	《混凝土结构工程施工质量验收规范》GB 50204—2002		
项目经理		专业工长	

检验项目				质量验收规范的规定	施工单位检查评定记录	监理（业主）单位验收记录
主控项目	1. 模板稳定性			4.2.1 条		
	2. 隔离剂涂刷质量			4.2.2 条		
一般项目	1. 安装要求			4.2.3 条		
	2. 用作模板的地坪、胎膜质量			4.2.4 条		
	3. 起拱			4.2.5 条		
	4. 预埋件、预留孔洞	预埋钢板中心线位置		3 mm		
		预埋管、预留孔中心线位置		3 mm		
		插筋	中心线位置	5 mm		
			外漏长度	+10,0 mm		
		预埋螺栓	中心线位置	2 mm		
			外漏长度	+10,0 mm		
		预留洞	中心线位置	10 mm		
			尺寸	+10,0 mm		
	5. 位置及外观	轴线位置		5 mm		
		底模上表面标高		±5 mm		
		截面内部尺寸	基础	±10 mm		
			柱、墙、梁	+4, -5 mm		
		垂直度	高度大于 5 m	6 mm		
			高度小于 5 m	8 mm		
		相邻两板表面高差		2 mm		
		表面平整度		5 mm		

施工单位检查评定结果	项目专业质量检查员： 项目专业质量（技术）负责人： 年　月　日
监理（业主）单位验收结论	监理工程师（业主单位项目技术负责人）： 年　月　日

注:本表格由施工项目专业质量检查员填写，监理工程师（业主单位项目技术负责人）组织项目专业质量（技术）负责人等进行验收。

预制构件模板安装工程质量验收记录

工程名称：　　　　　　　　　　　　　　　　　　　　　　　　　编号：04－C19－

分项工程名称		验收部位	
施工执行标准及编号	《混凝土结构工程施工质量验收规范》GB 50204—2002		
项目经理		专业工长	

检验项目				质量验收规范的规定	施工单位检查评定记录	监理（业主）单位验收记录
主控项目	1. 模板稳定性			4.2.1 条		
	2. 隔离剂涂刷质量			4.2.2 条		
一般项目	1. 安装要求			4.2.3 条		
	2. 模板基础			4.2.4 条		
	3. 起拱			4.2.5 条		
	4. 预埋件、预留孔洞	预埋钢板中心线位置		3 mm		
		预埋管、预留孔中心线位置		3 mm		
		插筋	中心线位置	5 mm		
			外漏长度	+10,0 mm		
		预埋螺栓	中心线位置	2 mm		
			外漏长度	+10,0 mm		
		预留洞	中心线位置	10 mm		
			尺寸	+10,0 mm		
	5. 位置及外观	长度	梁、板	±5 mm		
			柱	0，－10 mm		
		宽度	板	0，－5 mm		
			梁、柱	+2，－5 mm		
		高（厚）度	板	+2，－3 mm		
			墙板	0，－5 mm		
			梁、柱	+2，－5 mm		
		侧向弯曲	梁、板、柱	L/1 000 且 ≤15 mm		
		板表面平整度		3 mm		
		相邻两板表面高差		1 mm		
		板翘曲		L/1 500		
		梁起拱		±3 mm		

施工单位检查评定结果	项目专业质量检查员： 项目专业质量（技术）负责人： 年　月　日
监理（业主）单位验收结论	监理工程师（业主单位项目技术负责人）： 年　月　日

注：本表格由施工项目专业质量检查员填写，监理工程师（业主单位项目技术负责人）组织项目专业质量（技术）负责人等进行验收。

模板拆除工程质量验收记录

工程名称：　　　　　　　　　　　　　　　　　　　　　　　　　　　编号:04 - C20 -

<table>
<tr><td colspan="2">分项工程名称</td><td colspan="2"></td><td>验收部位</td><td></td></tr>
<tr><td colspan="2">施工执行标准及编号</td><td colspan="4">《混凝土结构工程施工质量验收规范》GB 50204—2002</td></tr>
<tr><td colspan="2">项目经理</td><td colspan="2"></td><td>专业工长</td><td></td></tr>
<tr><td colspan="2">检验项目</td><td>质量验收规范的规定</td><td colspan="2">施工单位检查评定记录</td><td>监理（业主）单位验收记录</td></tr>
<tr><td rowspan="3">主控项目</td><td>1. 拆模时混凝土强度</td><td>4.3.1 条</td><td colspan="2"></td><td rowspan="3"></td></tr>
<tr><td>2. 后张法预应力混凝土模板拆除顺序</td><td>4.3.2 条</td><td colspan="2"></td></tr>
<tr><td>3. 后浇带模板拆除和支顶</td><td>4.3.3 条</td><td colspan="2"></td></tr>
<tr><td rowspan="8">一般项目</td><td>1. 侧模拆除后混凝土强度</td><td>4.3.4 条</td><td colspan="2"></td><td rowspan="8"></td></tr>
<tr><td>2. 模板拆除后处理</td><td>4.3.5 条</td><td colspan="2"></td></tr>
<tr><td></td><td></td><td colspan="2"></td></tr>
<tr><td></td><td></td><td colspan="2"></td></tr>
<tr><td></td><td></td><td colspan="2"></td></tr>
<tr><td></td><td></td><td colspan="2"></td></tr>
<tr><td></td><td></td><td colspan="2"></td></tr>
<tr><td></td><td></td><td colspan="2"></td></tr>
<tr><td colspan="2">施工单位检查评定结果</td><td colspan="4">项目专业质量检查员：________
项目专业质量（技术）负责人：________
________年____月____日</td></tr>
<tr><td colspan="2">监理（业主）单位验收结论</td><td colspan="4">监理工程师（业主单位项目技术负责人）：________
________年____月____日</td></tr>
</table>

注：本表格由施工项目专业质量检查员填写，监理工程师（业主单位项目技术负责人）组织项目专业质量（技术）负责人等进行验收。

钢筋原材料质量验收记录

工程名称：　　　　　　　　　　　　　　　　　　　　编号:04 - C21 -

<table>
<tr><td colspan="2">分项工程名称</td><td></td><td>验收部位</td><td colspan="2"></td></tr>
<tr><td colspan="2">施工执行标准及编号</td><td colspan="4">《混凝土结构工程施工质量验收规范》GB 50204—2002</td></tr>
<tr><td colspan="2">项目经理</td><td></td><td>专业工长</td><td colspan="2"></td></tr>
<tr><td colspan="2">检验项目</td><td>质量验收规范的规定</td><td colspan="2">施工单位检查评定记录</td><td>监理(业主)单位验收记录</td></tr>
<tr><td rowspan="3">主控项目</td><td>1. 力学性能和重量偏差</td><td>5.2.1 条</td><td colspan="2"></td><td rowspan="3"></td></tr>
<tr><td>2. 抗震设防结构的纵向钢筋性能</td><td>5.2.2 条</td><td colspan="2"></td></tr>
<tr><td>3. 专项检验结果</td><td>4.2.3 条</td><td colspan="2"></td></tr>
<tr><td rowspan="9">一般项目</td><td>1. 外观质量</td><td>5.2.4 条</td><td colspan="2"></td><td rowspan="9"></td></tr>
<tr><td></td><td></td><td colspan="2"></td></tr>
<tr><td></td><td></td><td colspan="2"></td></tr>
<tr><td></td><td></td><td colspan="2"></td></tr>
<tr><td></td><td></td><td colspan="2"></td></tr>
<tr><td></td><td></td><td colspan="2"></td></tr>
<tr><td></td><td></td><td colspan="2"></td></tr>
<tr><td></td><td></td><td colspan="2"></td></tr>
<tr><td></td><td></td><td colspan="2"></td></tr>
<tr><td colspan="2">施工单位
检查评定结果</td><td colspan="4">项目专业质量检查员：__________
项目专业质量(技术)负责人：__________
____年___月___日</td></tr>
<tr><td colspan="2">监理(业主)单位
验收结论</td><td colspan="4">监理工程师(业主单位项目技术负责人)：__________
____年___月___日</td></tr>
</table>

注:本表格由施工项目专业质量检查员填写，监理工程师(业主单位项目技术负责人)组织项目专业质量(技术)负责人等进行验收。

钢筋加工工程质量验收记录

工程名称：　　　　　　　　　　　　　　　　　　　　　　　　编号：04－C22－

<table>
<tr><td colspan="3">分项工程名称</td><td></td><td>验收部位</td><td></td></tr>
<tr><td colspan="3">施工执行标准及编号</td><td colspan="3">《混凝土结构工程施工质量验收规范》GB 50204—2002</td></tr>
<tr><td colspan="3">项目经理</td><td></td><td>专业工长</td><td></td></tr>
<tr><td colspan="3">检验项目</td><td>质量验收规范的规定</td><td>施工单位检查评定记录</td><td>监理（业主）单位验收记录</td></tr>
<tr><td rowspan="3">主控项目</td><td colspan="2">1. 受力钢筋弯钩和弯折</td><td>5.3.1 条</td><td></td><td rowspan="3"></td></tr>
<tr><td colspan="2">2. 弯钩形式</td><td>5.3.2 条</td><td></td></tr>
<tr><td colspan="2">3. 钢筋调直后检验</td><td>5.3.2A 条</td><td></td></tr>
<tr><td rowspan="9">一般项目</td><td colspan="2">1. 钢筋调直冷拉率</td><td>5.2.4 条</td><td></td><td rowspan="9"></td></tr>
<tr><td rowspan="3">2. 钢筋加工的形状、尺寸</td><td>受力钢筋净长度</td><td>±10 mm</td><td></td></tr>
<tr><td>弯起钢筋的弯折位置</td><td>±20 mm</td><td></td></tr>
<tr><td>箍筋内净尺寸</td><td>±50 mm</td><td></td></tr>
<tr><td colspan="2"></td><td></td><td></td></tr>
<tr><td colspan="2"></td><td></td><td></td></tr>
<tr><td colspan="2"></td><td></td><td></td></tr>
<tr><td colspan="2"></td><td></td><td></td></tr>
<tr><td colspan="2"></td><td></td><td></td></tr>
<tr><td colspan="2">施工单位
检查评定结果</td><td colspan="4">项目专业质量检查员：
项目专业质量（技术）负责人：
年　月　日</td></tr>
<tr><td colspan="2">监理（业主）单位
验收结论</td><td colspan="4">监理工程师（业主单位项目技术负责人）：
年　月　日</td></tr>
</table>

注：本表格由施工项目专业质量检查员填写，监理工程师（业主单位项目技术负责人）组织项目专业质量（技术）负责人等进行验收。

钢筋连接工程质量验收记录

工程名称：　　　　　　　　　　　　　　　　　　　　　　　　编号:04 - C23 -

<table>
<tr><td colspan="2">分项工程名称</td><td></td><td>验收部位</td><td></td></tr>
<tr><td colspan="2">施工执行标准及编号</td><td colspan="3">《混凝土结构工程施工质量验收规范》GB 50204—2002</td></tr>
<tr><td colspan="2">项目经理</td><td></td><td>专业工长</td><td></td></tr>
<tr><td colspan="2">检验项目</td><td>质量验收规范的规定</td><td>施工单位检查评定记录</td><td>监理(业主)单位验收记录</td></tr>
<tr><td rowspan="3">主控项目</td><td>1. 纵向受力钢筋的连接方式</td><td>设计要求</td><td></td><td rowspan="3"></td></tr>
<tr><td>2. 接头力学性能</td><td>5.4.2 条</td><td></td></tr>
<tr><td></td><td></td><td></td></tr>
<tr><td rowspan="8">一般项目</td><td>1. 接头设置位置</td><td>5.4.3 条
5.4.5 条
5.4.6 条</td><td></td><td rowspan="8"></td></tr>
<tr><td>2. 接头外观质量</td><td>5.4.4 条</td><td></td></tr>
<tr><td>3. 箍筋配置</td><td>5.4.7 条</td><td></td></tr>
<tr><td></td><td></td><td></td></tr>
<tr><td></td><td></td><td></td></tr>
<tr><td></td><td></td><td></td></tr>
<tr><td></td><td></td><td></td></tr>
<tr><td></td><td></td><td></td></tr>
<tr><td colspan="2">施工单位
检查评定结果</td><td colspan="3">项目专业质量检查员：____________________
项目专业质量(技术)负责人：______________
________年____月____日</td></tr>
<tr><td colspan="2">监理(业主)单位
验收结论</td><td colspan="3">监理工程师(业主单位项目技术负责人)：____________________
________年____月____日</td></tr>
</table>

注：本表格由施工项目专业质量检查员填写，监理工程师(业主单位项目技术负责人)组织项目专业质量(技术)负责人等进行验收。

钢筋安装工程质量验收记录

工程名称： 编号:04－C24－

<table>
<tr><td colspan="2">分项工程名称</td><td colspan="3"></td><td>验收部位</td><td></td></tr>
<tr><td colspan="2">施工执行标准及编号</td><td colspan="5">《混凝土结构工程施工质量验收规范》GB 50204—2002</td></tr>
<tr><td colspan="2">项目经理</td><td colspan="3"></td><td>专业工长</td><td></td></tr>
<tr><td colspan="4">检验项目</td><td>质量验收规范的规定</td><td>施工单位检查评定记录</td><td>监理（业主）单位验收记录</td></tr>
<tr><td>主控项目</td><td colspan="3">1.受力筋的品种、级别、规格和数量</td><td>设计要求</td><td></td><td></td></tr>
<tr><td rowspan="13">一般项目</td><td rowspan="2">1.绑扎钢筋网</td><td colspan="2">长、宽</td><td>±10 mm</td><td></td><td rowspan="13"></td></tr>
<tr><td colspan="2">网眼尺寸</td><td>±20 mm</td><td></td></tr>
<tr><td rowspan="2">2.绑扎钢筋骨架</td><td colspan="2">长</td><td>±10 mm</td><td></td></tr>
<tr><td colspan="2">宽、高</td><td>±5 mm</td><td></td></tr>
<tr><td rowspan="5">3.受力钢筋</td><td colspan="2">间距</td><td>±10 mm</td><td></td></tr>
<tr><td colspan="2">排距</td><td>±5 mm</td><td></td></tr>
<tr><td rowspan="3">保护层</td><td>基础</td><td>±10 mm</td><td></td></tr>
<tr><td>柱、梁</td><td>±5 mm</td><td></td></tr>
<tr><td>板</td><td>±3 mm</td><td></td></tr>
<tr><td colspan="3">绑扎箍筋、横向钢筋间距</td><td>±20 mm</td><td></td></tr>
<tr><td colspan="3">钢筋弯起点位置</td><td>20 mm</td><td></td></tr>
<tr><td rowspan="2">预埋件</td><td colspan="2">中心线位置</td><td>5 mm</td><td></td></tr>
<tr><td colspan="2">水平高差</td><td>+3,0 mm</td><td></td></tr>
<tr><td colspan="3">施工单位检查评定结果</td><td colspan="4">项目专业质量检查员：________
项目专业质量（技术）负责人：________
____年____月____日</td></tr>
<tr><td colspan="3">监理（业主）单位验收结论</td><td colspan="4">监理工程师（业主单位项目技术负责人）：________
____年____月____日</td></tr>
</table>

注：本表格由施工项目专业质量检查员填写，监理工程师（业主单位项目技术负责人）组织项目专业质量（技术）负责人等进行验收。

混凝土原材料质量验收记录

工程名称： 编号:04 - C25 -

<table>
<tr><td colspan="2">分项工程名称</td><td colspan="2"></td><td>验收部位</td><td></td></tr>
<tr><td colspan="2">施工执行标准及编号</td><td colspan="4">《混凝土结构工程施工质量验收规范》GB 50204—2002</td></tr>
<tr><td colspan="2">项目经理</td><td colspan="2"></td><td>专业工长</td><td></td></tr>
<tr><td colspan="2">检验项目</td><td>质量验收
规范的规定</td><td colspan="2">施工单位
检查评定记录</td><td>监理(业主)
单位验收记录</td></tr>
<tr><td rowspan="3">主控项目</td><td>1. 水泥质量</td><td>7.2.1 条</td><td colspan="2"></td><td rowspan="3"></td></tr>
<tr><td>2. 外加剂的质量、应用技术</td><td>7.2.2 条</td><td colspan="2"></td></tr>
<tr><td>3. 氯化物和碱含量</td><td>7.2.3 条</td><td colspan="2"></td></tr>
<tr><td rowspan="10">一般项目</td><td>1. 矿物掺合料的质量</td><td>7.2.4 条</td><td colspan="2"></td><td rowspan="10"></td></tr>
<tr><td>2. 粗、细骨料质量</td><td>7.2.5 条</td><td colspan="2"></td></tr>
<tr><td>3. 拌和用水质量</td><td>7.2.6 条</td><td colspan="2"></td></tr>
<tr><td></td><td></td><td colspan="2"></td></tr>
<tr><td></td><td></td><td colspan="2"></td></tr>
<tr><td></td><td></td><td colspan="2"></td></tr>
<tr><td></td><td></td><td colspan="2"></td></tr>
<tr><td></td><td></td><td colspan="2"></td></tr>
<tr><td></td><td></td><td colspan="2"></td></tr>
<tr><td></td><td></td><td colspan="2"></td></tr>
<tr><td colspan="2">施工单位
检查评定结果</td><td colspan="4">项目专业质量检查员：
项目专业质量(技术)负责人：
年 月 日</td></tr>
<tr><td colspan="2">监理(业主)单位
验收结论</td><td colspan="4">监理工程师(业主单位项目技术负责人)：
年 月 日</td></tr>
</table>

注：本表格由施工项目专业质量检查员填写，监理工程师(业主单位项目技术负责人)组织项目专业质量(技术)负责人等进行验收。

混凝土配合比设计验收记录

工程名称： 编号:04－C26－

<table>
<tr><td colspan="2">分项工程名称</td><td colspan="2"></td><td>验收部位</td><td></td></tr>
<tr><td colspan="2">施工执行标准及编号</td><td colspan="4">《混凝土结构工程施工质量验收规范》GB 50204—2002</td></tr>
<tr><td colspan="2">项目经理</td><td colspan="2"></td><td>专业工长</td><td></td></tr>
<tr><td colspan="2">检验项目</td><td>质量验收
规范的规定</td><td colspan="2">施工单位
检查评定记录</td><td>监理（业主）
单位验收记录</td></tr>
<tr><td rowspan="3">主控项目</td><td>1. 配合比设计符合性</td><td>7.3.1 条</td><td colspan="2"></td><td rowspan="3"></td></tr>
<tr><td></td><td></td><td colspan="2"></td></tr>
<tr><td></td><td></td><td colspan="2"></td></tr>
<tr><td rowspan="9">一般项目</td><td>1. 开盘鉴定</td><td>7.3.2 条</td><td colspan="2"></td><td rowspan="9"></td></tr>
<tr><td>2. 砂、石含水率</td><td>7.3.3 条</td><td colspan="2"></td></tr>
<tr><td></td><td></td><td colspan="2"></td></tr>
<tr><td></td><td></td><td colspan="2"></td></tr>
<tr><td></td><td></td><td colspan="2"></td></tr>
<tr><td></td><td></td><td colspan="2"></td></tr>
<tr><td></td><td></td><td colspan="2"></td></tr>
<tr><td></td><td></td><td colspan="2"></td></tr>
<tr><td></td><td></td><td colspan="2"></td></tr>
<tr><td colspan="2">施工单位
检查评定结果</td><td colspan="4">项目专业质量检查员：
项目专业质量（技术）负责人：
年　月　日</td></tr>
<tr><td colspan="2">监理（业主）单位
验收结论</td><td colspan="4">监理工程师（业主单位项目技术负责人）：
年　月　日</td></tr>
</table>

注：本表格由施工项目专业质量检查员填写，监理工程师（业主单位项目技术负责人）组织项目专业质量（技术）负责人等进行验收。

混凝土施工工程质量验收记录

工程名称：

编号：04－C27－

<table>
<tr><td colspan="2">分项工程名称</td><td colspan="2"></td><td>验收部位</td><td></td></tr>
<tr><td colspan="2">施工执行标准及编号</td><td colspan="4">《混凝土结构工程施工质量验收规范》GB 50204—2002</td></tr>
<tr><td colspan="2">项目经理</td><td colspan="2"></td><td>专业工长</td><td></td></tr>
<tr><td colspan="3">检验项目</td><td>质量验收规范的规定</td><td>施工单位检查评定记录</td><td>监理（业主）单位验收记录</td></tr>
<tr><td rowspan="5">主控项目</td><td colspan="2">1. 强度等级</td><td>设计要求</td><td></td><td rowspan="5"></td></tr>
<tr><td rowspan="3">2. 原材料每盘称量偏差</td><td>水泥、掺合料</td><td>±2%</td><td></td></tr>
<tr><td>粗、细骨料</td><td>±3%</td><td></td></tr>
<tr><td>水、外加剂</td><td>±2%</td><td></td></tr>
<tr><td colspan="2">3. 混凝土浇筑的连续性</td><td>7.4.4 条</td><td></td></tr>
<tr><td rowspan="7">一般项目</td><td colspan="2">1. 施工缝位置</td><td>设计要求
施工方案</td><td></td><td rowspan="7"></td></tr>
<tr><td colspan="2">2. 后浇带位置</td><td>设计要求
施工方案</td><td></td></tr>
<tr><td colspan="2">3. 养护措施</td><td>7.4.7 条</td><td></td></tr>
<tr><td colspan="2"></td><td></td><td></td></tr>
<tr><td colspan="2"></td><td></td><td></td></tr>
<tr><td colspan="2"></td><td></td><td></td></tr>
<tr><td colspan="2"></td><td></td><td></td></tr>
<tr><td colspan="3">施工单位
检查评定结果</td><td colspan="3">项目专业质量检查员：__________
项目专业质量（技术）负责人：__________
______年____月____日</td></tr>
<tr><td colspan="3">监理（业主）单位
验收结论</td><td colspan="3">监理工程师（业主单位项目技术负责人）：__________
______年____月____日</td></tr>
</table>

注：本表格由施工项目专业质量检查员填写，监理工程师（业主单位项目技术负责人）组织项目专业质量（技术）负责人等进行验收。

现浇混凝土外观质量验收记录

工程名称：　　　　　　　　　　　　　　　　　　　　　　　　编号:04－C28－

<table>
<tr><td colspan="3">分项工程名称</td><td></td><td>验收部位</td><td></td></tr>
<tr><td colspan="3">施工执行标准及编号</td><td colspan="3">《混凝土结构工程施工质量验收规范》GB 50204—2002</td></tr>
<tr><td colspan="3">项目经理</td><td></td><td>专业工长</td><td></td></tr>
<tr><td colspan="3">检验项目</td><td>质量验收
规范的规定</td><td>施工单位
检查评定记录</td><td>监理(业主)
单位验收记录</td></tr>
<tr><td rowspan="2">主控项目</td><td colspan="2">1. 外观严重缺陷及处理</td><td>8.2.1 条</td><td></td><td rowspan="2"></td></tr>
<tr><td colspan="2">2. 影响结构和使用功能的尺寸偏差及处理</td><td>8.3.1 条</td><td></td></tr>
<tr><td rowspan="12">一般项目</td><td colspan="2">1. 外观一般缺陷及处理</td><td>8.2.2 条</td><td></td><td rowspan="12"></td></tr>
<tr><td rowspan="3">2. 轴线位置</td><td>基础</td><td>15 mm</td><td></td></tr>
<tr><td>独立基础</td><td>10 mm</td><td></td></tr>
<tr><td>柱、梁</td><td>8 mm</td><td></td></tr>
<tr><td colspan="2">3. 垂直度</td><td>H/1 000 且
≤30 mm</td><td></td></tr>
<tr><td colspan="2">4. 标高</td><td>±30 mm</td><td></td></tr>
<tr><td colspan="2">5. 截面尺寸</td><td>+8，-5 mm</td><td></td></tr>
<tr><td rowspan="3">6. 预埋设施</td><td>预埋件</td><td>10 mm</td><td></td></tr>
<tr><td>预埋螺栓</td><td>5 mm</td><td></td></tr>
<tr><td>预埋管</td><td>5 mm</td><td></td></tr>
<tr><td colspan="2">7. 预留洞中心线</td><td>15 mm</td><td></td></tr>
<tr><td colspan="3">施工单位
检查评定结果</td><td colspan="3">项目专业质量检查员：________
项目专业质量(技术)负责人：________
________年____月____日</td></tr>
<tr><td colspan="3">监理(业主)单位
验收结论</td><td colspan="3">监理工程师(业主单位项目技术负责人)：________
________年____月____日</td></tr>
</table>

注：本表格由施工项目专业质量检查员填写，监理工程师(业主单位项目技术负责人)组织项目专业质量(技术)负责人等进行验收。

装配式混凝土工程预制构件质量验收记录

工程名称：　　　　　　　　　　　　　　　　　　　　　　　　编号:04 - C29 -

分项工程名称				验收部位	
施工执行标准及编号		《混凝土结构工程施工质量验收规范》GB 50204—2002			
项目经理				专业工长	
检验项目			质量验收规范的规定	施工单位检查评定记录	监理（业主）单位验收记录
主控项目	1. 出厂信息		9.2.1 条		
	2. 预埋件、插筋、预留孔洞		9.2.1 条		
	3. 严重缺陷及处理情况		9.2.2 条		
	4. 影响结构性能和安装、使用功能的尺寸偏差及处理情况		9.2.3 条		
一般项目	1. 一般外观质量缺陷及处理情况		9.2.4 条		
	2. 长度	板、梁	+10，-5 mm		
		柱	+5，-10 mm		
	3. 宽度、高（厚）度		±5 mm		
	4. 侧向弯曲		L/750 且≥20 mm		
	5. 预埋件	中心线位置	10 mm		
		螺栓位置	5 mm		
		螺栓外漏长度	+10，-5 mm		
	7. 预留孔中心线位置		5 mm		
	8. 预留洞中心线位置		15 mm		
	9. 主筋保护层厚度	板	+5，-3 mm		
		梁、柱	+10，-5 mm		
	10. 板对角线差		10 mm		
	11. 表面平整度		5 mm		
施工单位检查评定结果			项目专业质量检查员：________ 项目专业质量（技术）负责人：________ ______年___月___日		
监理（业主）单位验收结论			监理工程师（业主单位项目技术负责人）：________ ______年___月___日		

注：本表格由施工项目专业质量检查员填写，监理工程师（业主单位项目技术负责人）组织项目专业质量（技术）负责人等进行验收。

装配式混凝土工程施工质量验收记录

工程名称：　　　　　　　　　　　　　　　　　　　　　　　　　　编号:04 - C30 -

<table>
<tr><td colspan="2">分项工程名称</td><td></td><td>验收部位</td><td></td></tr>
<tr><td colspan="2">施工执行标准及编号</td><td colspan="3">《混凝土结构工程施工质量验收规范》GB 50204—2002</td></tr>
<tr><td colspan="2">项目经理</td><td></td><td>专业工长</td><td></td></tr>
<tr><td colspan="2">检验项目</td><td>质量验收
规范的规定</td><td>施工单位
检查评定记录</td><td>监理(业主)
单位验收记录</td></tr>
<tr><td rowspan="3">主控项目</td><td>1. 预制构件的外观质量、尺寸偏差及结构性能</td><td>设计要求</td><td></td><td rowspan="3"></td></tr>
<tr><td>2. 预制构件与结构的连接</td><td>设计要求</td><td></td></tr>
<tr><td>3. 承受内力的接头和拼缝处吊装</td><td>9.4.3 条</td><td></td></tr>
<tr><td rowspan="10">一般项目</td><td>1. 预制构件的运输和码放</td><td>标准图或
设计要求</td><td></td><td rowspan="10"></td></tr>
<tr><td>2. 预制构件吊装的准备工作</td><td>9.4.5 条</td><td></td></tr>
<tr><td>3. 吊装作业</td><td>9.4.6 条</td><td></td></tr>
<tr><td>4. 临时固定措施</td><td>9.4.7 条</td><td></td></tr>
<tr><td>5. 结构和拼缝质量</td><td>9.4.8 条</td><td></td></tr>
<tr><td></td><td></td><td></td></tr>
<tr><td></td><td></td><td></td></tr>
<tr><td></td><td></td><td></td></tr>
<tr><td></td><td></td><td></td></tr>
<tr><td></td><td></td><td></td></tr>
<tr><td colspan="2">施工单位
检查评定结果</td><td colspan="3">项目专业质量检查员：
项目专业质量(技术)负责人：
年　月　日</td></tr>
<tr><td colspan="2">监理(业主)单位
验收结论</td><td colspan="3">监理工程师(业主单位项目技术负责人)：
年　月　日</td></tr>
</table>

注:本表格由施工项目专业质量检查员填写,监理工程师(业主单位项目技术负责人)组织项目专业质量(技术)负责人等进行验收。

挡土墙基础工程质量验收记录

工程名称：　　　　　　　　　　　　　　　　　　　　　　　　　　　　　编号：05－C31－

分项工程名称		验收部位	
施工执行标准及编号	《建筑边坡工程施工质量验收规范》DBJ/T 50－100—2010		
项目经理		专业工长	

检验项目		质量验收规范的规定			施工单位检查评定记录	监理（业主）单位验收记录
主控项目	1. 基础埋深	设计要求				
	2. 砌筑砂浆抗压强度	设计要求				
	3. 砌块、石料强度	设计要求				
	4. 基础混凝土强度及配筋	设计要求				
一般项目	1. 基底倾斜量	设计要求				
	2. 基础钢筋保护层厚度	设计要求				
	3. 截面尺寸	现浇混凝土	料石砌体	毛石、预制块砌体		
		±5 mm	10 mm	≥设计值		

施工单位检查评定结果

项目专业质量检查员：________________

项目专业质量（技术）负责人：__________

________年____月____日

监理（业主）单位验收结论

监理工程师（业主单位项目技术负责人）：____________

________年____月____日

注：本表格由施工项目专业质量检查员填写，监理工程师（业主单位项目技术负责人）组织项目专业质量（技术）负责人等进行验收。

现浇混凝土挡土墙浇筑质量验收记录

工程名称： 编号:05－C32－

<table>
<tr><td colspan="3">分项工程名称</td><td></td><td>验收部位</td><td></td></tr>
<tr><td colspan="3">施工执行标准及编号</td><td colspan="3">《建筑边坡工程施工质量验收规范》DBJ/T 50－100—2010</td></tr>
<tr><td colspan="3">项目经理</td><td></td><td>专业工长</td><td></td></tr>
<tr><td colspan="3">检验项目</td><td>质量验收
规范的规定</td><td>施工单位
检查评定记录</td><td>监理（业主）
单位验收记录</td></tr>
<tr><td rowspan="4">主控项目</td><td colspan="2">1. 混凝土强度等级</td><td>设计要求</td><td></td><td rowspan="4"></td></tr>
<tr><td colspan="2">2. 钢筋品种、级别及力学性能</td><td>设计要求</td><td></td></tr>
<tr><td colspan="2">3. 外观严重质量缺陷及处理</td><td>7.2.3 条</td><td></td></tr>
<tr><td colspan="2"></td><td></td><td></td></tr>
<tr><td rowspan="7">一般项目</td><td colspan="2">1. 外观一般质量缺陷及处理</td><td>设计要求</td><td></td><td rowspan="7"></td></tr>
<tr><td rowspan="6">2. 外观尺寸偏差</td><td>长度</td><td>±20 mm</td><td></td></tr>
<tr><td>宽度</td><td>±5 mm</td><td></td></tr>
<tr><td>高度</td><td>±5 mm</td><td></td></tr>
<tr><td>垂直度</td><td>≤0.15%H
且≤10 mm</td><td></td></tr>
<tr><td>外露面平整度</td><td>≤5 mm</td><td></td></tr>
<tr><td>顶面高程</td><td>±5 mm</td><td></td></tr>
<tr><td colspan="3">施工单位
检查评定结果</td><td colspan="3">项目专业质量检查员：
项目专业质量（技术）负责人：
年 月 日</td></tr>
<tr><td colspan="3">监理（业主）单位
验收结论</td><td colspan="3">监理工程师（业主单位项目技术负责人）：
年 月 日</td></tr>
</table>

注：本表格由施工项目专业质量检查员填写，监理工程师（业主单位项目技术负责人）组织项目专业质量（技术）负责人等进行验收。

砌筑挡土墙施工质量验收记录

工程名称：　　　　　　　　　　　　　　　　　　　　　　　　　　　　编号：05 - C33 -

<table>
<tr><td colspan="4">分项工程名称</td><td colspan="3"></td><td>验收部位</td><td></td></tr>
<tr><td colspan="4">施工执行标准及编号</td><td colspan="5">《建筑边坡工程施工质量验收规范》DBJ/T 50 - 100—2010</td></tr>
<tr><td colspan="4">项目经理</td><td colspan="3"></td><td>专业工长</td><td></td></tr>
<tr><td colspan="4">检验项目</td><td colspan="3">质量验收
规范的规定</td><td>施工单位
检查评定记录</td><td>监理（业主）
单位验收记录</td></tr>
<tr><td rowspan="3">主控项目</td><td colspan="3">1. 砌筑石料强度等级</td><td colspan="3">设计要求</td><td></td><td rowspan="3"></td></tr>
<tr><td colspan="3">2. 砂浆强度等级</td><td colspan="3">设计要求</td><td></td></tr>
<tr><td colspan="3">3. 砂浆饱满度</td><td colspan="3">≥80%</td><td></td></tr>
<tr><td rowspan="12">一般项目</td><td colspan="3">1. 组砌形式</td><td colspan="3">7.5.4 条</td><td></td><td rowspan="12"></td></tr>
<tr><td colspan="3">2. 泄水孔</td><td colspan="3">畅通</td><td></td></tr>
<tr><td rowspan="10">3. 外观尺寸允许偏差</td><td colspan="2">砌筑
材料类型</td><td>料石
预制块</td><td>块石</td><td>片石</td><td></td></tr>
<tr><td colspan="2">截面尺寸</td><td>±10 mm</td><td colspan="2">不小于设计值</td><td></td></tr>
<tr><td rowspan="2">基底
高程</td><td>土方</td><td colspan="3">±20 mm</td><td></td></tr>
<tr><td>石方</td><td colspan="3">±100 mm</td><td></td></tr>
<tr><td colspan="2">顶面高程</td><td>±10 mm</td><td>±15 mm</td><td>±20 mm</td><td></td></tr>
<tr><td colspan="2">轴线偏移</td><td>≤10 mm</td><td>≤15 mm</td><td>≤15 mm</td><td></td></tr>
<tr><td colspan="2">墙面垂直度</td><td>≤0.5%H
且≤20
mm</td><td colspan="2">0.5%H 且≤30
mm</td><td></td></tr>
<tr><td colspan="2">平整度</td><td>≤5 mm</td><td colspan="2">≤30 mm</td><td></td></tr>
<tr><td colspan="2">水平缝平直度</td><td>≤10 mm</td><td colspan="2">—</td><td></td></tr>
<tr><td colspan="2">前面坡度</td><td colspan="3">不陡于设计值</td><td></td></tr>
<tr><td colspan="3">施工单位
检查评定结果</td><td colspan="6">项目专业质量检查员：________________
项目专业质量（技术）负责人：__________
________年____月____日</td></tr>
<tr><td colspan="3">监理（业主）单位
验收结论</td><td colspan="6">监理工程师（业主单位项目技术负责人）：____________
________年____月____日</td></tr>
</table>

注：本表格由施工项目专业质量检查员填写，监理工程师（业主单位项目技术负责人）组织项目专业质量（技术）负责人等进行验收。

挡土墙后回填土工程质量验收记录

工程名称： 编号：05 - C34 -

分项工程名称			验收部位	
施工执行标准及编号	《建筑边坡工程施工质量验收规范》DBJ/T 50 - 100—2010			
项目经理			专业工长	

检验项目		质量验收规范的规定	施工单位检查评定记录	监理（业主）单位验收记录
主控项目	1. 填土重度、内摩擦角、凝聚力	设计要求		
	2. 压实填土的压实系数	设计要求		
一般项目	1. 回填范围内场地情况	4.4.3 条		
	2. 填土质量	4.4.4 条		
施工单位检查评定结果	项目专业质量检查员：____ 项目专业质量（技术）负责人：____ ____年____月____日			
监理（业主）单位验收结论	监理工程师（业主单位项目技术负责人）：____ ____年____月____日			

注：本表格由施工项目专业质量检查员填写，监理工程师（业主单位项目技术负责人）组织项目专业质量（技术）负责人等进行验收。

排(截)水沟工程施工质量验收记录

工程名称: 编号:05－C35－

分项工程名称				验收部位	
施工执行标准及编号	《建筑边坡工程施工质量验收规范》DBJ/T 50－100—2010				
项目经理				专业工长	
检验项目		质量验收规范的规定		施工单位检查评定记录	监理(业主)单位验收记录
主控项目	1. 砌筑材料强度等级	设计要求			
	2. 预制盖板质量	设计要求			
	3. 砂浆强度	设计要求			
一般项目	1. 砂浆饱满度	≥80%			
	2. 沟底质量	8.1.5 条			
	3. 轴线偏移	≤30 mm			
	4. 截面尺寸	砌石	砌块		
		±20 mm	±10 mm		
	5. 沟底高程	±20 mm	±10 mm		
	6. 墙面垂直度	≤30 mm	≤15 mm		
	7. 墙面平整度	≤30 mm	≤10 mm		
	8. 边线直顺度	≤20 mm	≤10 mm		
	9. 盖板压墙长度	±20 mm			
施工单位检查评定结果	项目专业质量检查员:__________ 项目专业质量(技术)负责人:__________ ______年____月____日				
监理(业主)单位验收结论	监理工程师(业主单位项目技术负责人):__________ ______年____月____日				

注:本表格由施工项目专业质量检查员填写,监理工程师(业主单位项目技术负责人)组织项目专业质量(技术)负责人等进行验收。

现浇混凝土护栏施工质量验收记录

工程名称：　　　　　　　　　　　　　　　　　　　　　　编号:05－C36－

<table>
<tr><td colspan="2">分项工程名称</td><td colspan="2"></td><td>验收部位</td><td></td></tr>
<tr><td colspan="2">施工执行标准及编号</td><td colspan="4">《建筑边坡工程施工质量验收规范》DBJ/T 50－100—2010</td></tr>
<tr><td colspan="2">项目经理</td><td colspan="2"></td><td>专业工长</td><td></td></tr>
<tr><td colspan="2">检验项目</td><td>质量验收
规范的规定</td><td colspan="2">施工单位
检查评定记录</td><td>监理（业主）
单位验收记录</td></tr>
<tr><td rowspan="4">主控项目</td><td>1.原材料</td><td>设计要求</td><td colspan="2"></td><td></td></tr>
<tr><td>2.立柱质量</td><td>设计要求</td><td colspan="2"></td><td></td></tr>
<tr><td>3.基础混凝土强度</td><td>设计要求</td><td colspan="2"></td><td></td></tr>
<tr><td>4.立柱埋置深度</td><td>设计要求</td><td colspan="2"></td><td></td></tr>
<tr><td rowspan="8">一般项目</td><td>1.安装质量</td><td>8.2.5 条</td><td colspan="2"></td><td></td></tr>
<tr><td>2.顺直度</td><td>≤5 mm/m</td><td colspan="2"></td><td></td></tr>
<tr><td>3.中线偏移</td><td>≤20 mm</td><td colspan="2"></td><td></td></tr>
<tr><td>4.立柱间距</td><td>±5 mm</td><td colspan="2"></td><td></td></tr>
<tr><td>5.立柱垂直度</td><td>≤5 mm</td><td colspan="2"></td><td></td></tr>
<tr><td>6.横栏高度</td><td>±20 mm</td><td colspan="2"></td><td></td></tr>
<tr><td></td><td></td><td colspan="2"></td><td></td></tr>
<tr><td></td><td></td><td colspan="2"></td><td></td></tr>
<tr><td colspan="2">施工单位
检查评定结果</td><td colspan="4">项目专业质量检查员：________
项目专业质量（技术）负责人：________
________年____月____日</td></tr>
<tr><td colspan="2">监理（业主）单位
验收结论</td><td colspan="4">监理工程师（业主单位项目技术负责人）：________
________年____月____日</td></tr>
</table>

注：本表格由施工项目专业质量检查员填写，监理工程师（业主单位项目技术负责人）组织项目专业质量（技术）负责人等进行验收。

预制混凝土护栏施工质量验收记录

工程名称： 编号:05 - C37 -

<table>
<tr><td colspan="3">分项工程名称</td><td></td><td>验收部位</td><td colspan="2"></td></tr>
<tr><td colspan="3">施工执行标准及编号</td><td colspan="4">《建筑边坡工程施工质量验收规范》DBJ/T 50 - 100—2010</td></tr>
<tr><td colspan="3">项目经理</td><td></td><td>专业工长</td><td colspan="2"></td></tr>
<tr><td colspan="3">检验项目</td><td>质量验收
规范的规定</td><td colspan="2">施工单位
检查评定记录</td><td>监理(业主)
单位验收记录</td></tr>
<tr><td rowspan="4">主控项目</td><td colspan="2">1. 原材料</td><td>设计要求</td><td colspan="2"></td><td rowspan="4"></td></tr>
<tr><td colspan="2">2. 立柱质量</td><td>设计要求</td><td colspan="2"></td></tr>
<tr><td colspan="2">3. 基础混凝土强度</td><td>设计要求</td><td colspan="2"></td></tr>
<tr><td colspan="2">4. 立柱埋置深度</td><td>设计要求</td><td colspan="2"></td></tr>
<tr><td rowspan="11">一般项目</td><td colspan="2">1. 截面尺寸</td><td>设计要求</td><td colspan="2"></td><td rowspan="11"></td></tr>
<tr><td colspan="2">2. 柱高</td><td>0, +5 mm</td><td colspan="2"></td></tr>
<tr><td colspan="2">3. 侧向弯曲</td><td>≤L/750 mm</td><td colspan="2"></td></tr>
<tr><td colspan="2">4. 麻面</td><td>≤1%</td><td colspan="2"></td></tr>
<tr><td colspan="2">5. 安装质量</td><td>8.2.5 条</td><td colspan="2"></td></tr>
<tr><td colspan="2">6. 扶手顺直度</td><td>≤4 mm/m</td><td colspan="2"></td></tr>
<tr><td colspan="2">7. 立柱垂直度</td><td>≤3 mm</td><td colspan="2"></td></tr>
<tr><td colspan="2">8. 栏杆间距</td><td>±3 mm</td><td colspan="2"></td></tr>
<tr><td rowspan="2">9. 相邻栏杆高差</td><td>有柱</td><td>≤4 mm</td><td colspan="2"></td></tr>
<tr><td>无柱</td><td>≤5 mm</td><td colspan="2"></td></tr>
<tr><td colspan="2">10. 栏杆平面偏差</td><td>≤4 mm</td><td colspan="2"></td></tr>
<tr><td colspan="3">施工单位
检查评定结果</td><td colspan="4">项目专业质量检查员：________________
项目专业质量(技术)负责人：____________
________年____月____日</td></tr>
<tr><td colspan="3">监理(业主)单位
验收结论</td><td colspan="4">监理工程师(业主单位项目技术负责人)：____________
________年____月____日</td></tr>
</table>

注：本表格由施工项目专业质量检查员填写，监理工程师(业主单位项目技术负责人)组织项目专业质量(技术)负责人等进行验收。

护栏和扶手制作与安装工程质量验收记录

工程名称： 编号：05－C38－

分项工程名称			验收部位	
施工执行标准及编号	《建筑装饰装修工程质量验收规范》GB 50210—2001			
项目经理			专业工长	
检验项目		质量验收规范的规定	施工单位检查评定记录	监理（业主）单位验收记录
主控项目	1. 材料质量	12.5.3 条		
	2. 造型、尺寸、安装位置	12.5.4 条		
	3. 预埋件及连接	12.5.5 条		
	4. 护栏高度、栏杆间距、安装位置与安装牢固程度	12.5.6 条		
	5. 护栏玻璃	12.5.7 条		
一般项目	1. 转角、接缝及表面质量	12.5.8 条		
	2. 护栏垂直度	±3 mm		
	3. 栏杆间距	±3 mm		
	4. 扶手直线度	±4 mm		
	5. 扶手高度	±3 mm		
施工单位检查评定结果	项目专业质量检查员： 项目专业质量（技术）负责人： 年 月 日			
监理（业主）单位验收结论	监理工程师（业主单位项目技术负责人）： 年 月 日			

注：本表格由施工项目专业质量检查员填写，监理工程师（业主单位项目技术负责人）组织项目专业质量（技术）负责人等进行验收。

护坡工程施工质量验收记录

工程名称： 编号：05 - C39 -

分项工程名称				验收部位	
施工执行标准及编号	《建筑边坡工程施工质量验收规范》DBJ/T 50 - 100—2010				
项目经理				专业工长	

检验项目			质量验收规范的规定			施工单位检查评定记录	监理(业主)单位验收记录
主控项目	1. 材料强度等级		设计要求				
	2. 砌筑外观		8.3.2 条				
一般项目	1. 基底高程	土方	块石	料石	砌块		
			±20 mm				
		石方	±100 mm				
	2. 垫层厚度		±20 mm				
	3. 砌体厚度		不小于设计值				
	4. 坡度		不陡于设计值				
	5. 平整度		≤30 mm	≤15 mm	≤10 mm		
	6. 顶面高程		±50 mm	±30 mm	±30 mm		
	7. 顶边线型		≤30 mm	≤10 mm	≤10 mm		

施工单位 检查评定结果	项目专业质量检查员：________ 项目专业质量(技术)负责人：________ ____年____月____日
监理(业主)单位 验收结论	监理工程师(业主单位项目技术负责人)：________ ____年____月____日

注：本表格由施工项目专业质量检查员填写，监理工程师(业主单位项目技术负责人)组织项目专业质量(技术)负责人等进行验收。

灌注桩施工准备质量验收记录

工程名称：　　　　　　　　　　　　　　　　　　　　　　　　　　编号:05 - C40 -

<table>
<tr><td colspan="3">分项工程名称</td><td></td><td>验收部位</td><td></td></tr>
<tr><td colspan="3">施工执行标准及编号</td><td colspan="3">《建筑边坡工程施工质量验收规范》DBJ/T 50 - 100—2010</td></tr>
<tr><td colspan="3">项目经理</td><td></td><td>专业工长</td><td></td></tr>
<tr><td colspan="3">检验项目</td><td>质量验收
规范的规定</td><td>施工单位
检查评定记录</td><td>监理(业主)
单位验收记录</td></tr>
<tr><td rowspan="8">主控项目</td><td colspan="2">1. 桩位偏差</td><td>≤20 mm</td><td></td><td rowspan="14"></td></tr>
<tr><td colspan="2">2. 原材料质量与计量</td><td>6.2.2 条</td><td></td></tr>
<tr><td colspan="2">3. 混凝土配合比</td><td>设计要求</td><td></td></tr>
<tr><td colspan="2">4. 混凝土坍落度</td><td>设计要求</td><td></td></tr>
<tr><td colspan="2">5. 混凝土强度</td><td>设计要求</td><td></td></tr>
<tr><td colspan="2">6. 钢筋连接质量</td><td>6.2.2 条</td><td></td></tr>
<tr><td colspan="2">7. 主筋间距</td><td>±10 mm</td><td></td></tr>
<tr><td colspan="2">8. 长度</td><td>±100 mm</td><td></td></tr>
<tr><td rowspan="6">一般项目</td><td rowspan="3">钢筋笼质量</td><td>1. 箍筋间距</td><td>±20 mm</td><td></td></tr>
<tr><td>2. 钢筋笼直径</td><td>±10 mm</td><td></td></tr>
<tr><td>3. 竖向中心位置</td><td>±20 mm</td><td></td></tr>
<tr><td colspan="2"></td><td></td><td></td></tr>
<tr><td colspan="2"></td><td></td><td></td></tr>
<tr><td colspan="2"></td><td></td><td></td></tr>
<tr><td colspan="3">施工单位
检查评定结果</td><td colspan="3">项目专业质量检查员:
项目专业质量(技术)负责人:
年　月　日</td></tr>
<tr><td colspan="3">监理(业主)单位
验收结论</td><td colspan="3">监理工程师(业主单位项目技术负责人):
年　月　日</td></tr>
</table>

注:本表格由施工项目专业质量检查员填写,监理工程师(业主单位项目技术负责人)组织项目专业质量(技术)负责人等进行验收。

灌注桩施工质量验收记录

工程名称：　　　　　　　　　　　　　　　　　　　　　　　　编号:05 - C41 -

<table>
<tr><td colspan="3">分项工程名称</td><td></td><td>验收部位</td><td></td></tr>
<tr><td colspan="3">施工执行标准及编号</td><td colspan="3">《建筑边坡工程施工质量验收规范》DBJ/T 50 - 100—2010</td></tr>
<tr><td colspan="3">项目经理</td><td></td><td>专业工长</td><td></td></tr>
<tr><td colspan="3">检验项目</td><td>质量验收
规范的规定</td><td>施工单位
检查评定记录</td><td>监理(业主)
单位验收记录</td></tr>
<tr><td rowspan="3">主控项目</td><td colspan="2">1. 桩位偏差</td><td>150 mm</td><td></td><td rowspan="3"></td></tr>
<tr><td colspan="2">2. 孔深</td><td>+300 mm</td><td></td></tr>
<tr><td colspan="2"></td><td></td><td></td></tr>
<tr><td rowspan="10">一般项目</td><td colspan="2">1. 垂直度</td><td>≤1%</td><td></td><td rowspan="10"></td></tr>
<tr><td colspan="2">2. 桩径</td><td>+50 mm</td><td></td></tr>
<tr><td colspan="2">3. 泥浆比重
(黏土或沙性土中)</td><td>1.15 ~ 1.20</td><td></td></tr>
<tr><td colspan="2">4. 泥浆面标高
(高于地下水位)</td><td>0.5 ~ 1.0 m</td><td></td></tr>
<tr><td colspan="2">5. 沉渣厚度</td><td>≤50 mm</td><td></td></tr>
<tr><td rowspan="2">6. 混凝土坍落度</td><td>水下灌注</td><td>200 ~ 230</td><td></td></tr>
<tr><td>干施工</td><td>180 ~ 200</td><td></td></tr>
<tr><td colspan="2">7. 钢筋笼安装深度</td><td>±50 mm</td><td></td></tr>
<tr><td colspan="2">8. 混凝土充盈系数</td><td>>1</td><td></td></tr>
<tr><td colspan="2">9. 桩顶标高</td><td>+30 mm</td><td></td></tr>
<tr><td colspan="3">施工单位
检查评定结果</td><td colspan="3">项目专业质量检查员:________________
项目专业质量(技术)负责人:__________
________年____月____日</td></tr>
<tr><td colspan="3">监理(业主)单位
验收结论</td><td colspan="3">监理工程师(业主单位项目技术负责人):____________
________年____月____日</td></tr>
</table>

注:本表格由施工项目专业质量检查员填写,监理工程师(业主单位项目技术负责人)组织项目专业质量(技术)负责人等进行验收。

锚杆(索)工程施工质量验收记录

工程名称:　　　　　　　　　　　　　　　　　　　　　　　　　　编号:05－C42－

分项工程名称				验收部位	
施工执行标准及编号		《建筑边坡工程施工质量验收规范》DBJ/T 50－100—2010			
项目经理				专业工长	
检验项目			质量验收规范的规定	施工单位检查评定记录	监理(业主)单位验收记录
主控项目	1. 材料		设计要求		
	2. 锚固长度		+100～－30 mm		
	3. 拉力设计值		设计要求		
一般项目	1. 锚杆位置		20 mm		
	2. 钻孔倾斜度		±3°		
	3. 浆体强度		设计要求		
	4. 注浆量		大于理论计算量		
	5. 杆体插入长度	全长黏结型	不小于设计长度的95%		
		预应力	不小于设计长度的98%		
施工单位检查评定结果	项目专业质量检查员: 项目专业质量(技术)负责人: 年　月　日				
监理(业主)单位验收结论	监理工程师(业主单位项目技术负责人): 年　月　日				

注:本表格由施工项目专业质量检查员填写,监理工程师(业主单位项目技术负责人)组织项目专业质量(技术)负责人等进行验收。

土方路基工程施工质量验收记录

工程名称：　　　　　　　　　　　　　　　　　　　　　　编号:06 - C43 -

分项工程名称			验收部位	
施工执行标准及编号	《城镇道路工程施工与质量验收规范》CJJ 1—2008			
项目经理			专业工长	
检验项目		质量验收规范的规定	施工单位检查评定记录	监理(业主)单位验收记录
主控项目	1. 路基压实度	表 6.3.12 - 2		
	2. 弯沉值	不大于设计值		
一般项目	1. 路床纵断高程	-20, +10 mm		
	2. 路床中心线偏移	≤30 mm		
	3. 路床平整度	≤15 mm		
	4. 路床宽度	不小于设计值 + B		
	5. 路床横坡	±0.3% 且不反坡		
	6. 边坡	不陡于设计值		
施工单位检查评定结果	项目专业质量检查员:________ 项目专业质量(技术)负责人:________ ____年__月__日			
监理(业主)单位验收结论	监理工程师(业主单位项目技术负责人):________ ____年__月__日			

注:本表格由施工项目专业质量检查员填写,监理工程师(业主单位项目技术负责人)组织项目专业质量(技术)负责人等进行验收。

挖石方路基工程施工质量验收记录

工程名称：　　　　　　　　　　　　　　　　　　　　　　　　　编号:06 - C44 -

<table>
<tr><td colspan="2">分项工程名称</td><td colspan="2"></td><td>验收部位</td><td></td></tr>
<tr><td colspan="2">施工执行标准及编号</td><td colspan="4">《城镇道路工程施工与质量验收规范》CJJ 1—2008</td></tr>
<tr><td colspan="2">项目经理</td><td colspan="2"></td><td>专业工长</td><td></td></tr>
<tr><td colspan="2">检验项目</td><td>质量验收
规范的规定</td><td colspan="2">施工单位
检查评定记录</td><td>监理（业主）
单位验收记录</td></tr>
<tr><td rowspan="3">主控项目</td><td>1. 上边坡稳定性</td><td>稳定，严禁
有松石、险石</td><td colspan="2"></td><td rowspan="3"></td></tr>
<tr><td></td><td></td><td colspan="2"></td></tr>
<tr><td></td><td></td><td colspan="2"></td></tr>
<tr><td rowspan="10">一般项目</td><td>1. 路床纵断高程</td><td>－100，＋50 mm</td><td colspan="2"></td><td rowspan="10"></td></tr>
<tr><td>2. 路床中心线偏移</td><td>≤30 mm</td><td colspan="2"></td></tr>
<tr><td>3. 路床宽度</td><td>不小于设计值＋B</td><td colspan="2"></td></tr>
<tr><td>4. 边坡</td><td>不陡于设计值</td><td colspan="2"></td></tr>
<tr><td></td><td></td><td colspan="2"></td></tr>
<tr><td></td><td></td><td colspan="2"></td></tr>
<tr><td></td><td></td><td colspan="2"></td></tr>
<tr><td></td><td></td><td colspan="2"></td></tr>
<tr><td></td><td></td><td colspan="2"></td></tr>
<tr><td></td><td></td><td colspan="2"></td></tr>
<tr><td colspan="2">施工单位
检查评定结果</td><td colspan="4">项目专业质量检查员：
项目专业质量（技术）负责人：
　　　年　　月　　日</td></tr>
<tr><td colspan="2">监理（业主）单位
验收结论</td><td colspan="4">监理工程师（业主单位项目技术负责人）：
　　　年　　月　　日</td></tr>
</table>

注：本表格由施工项目专业质量检查员填写，监理工程师（业主单位项目技术负责人）组织项目专业质量（技术）负责人等进行验收。

填石路基工程施工质量验收记录

工程名称:　　　　　　　　　　　　　　　　　　　　　　　　编号:06－C45－

<table>
<tr><td colspan="2">分项工程名称</td><td colspan="2"></td><td>验收部位</td><td></td></tr>
<tr><td colspan="2">施工执行标准及编号</td><td colspan="4">《城镇道路工程施工与质量验收规范》CJJ 1—2008</td></tr>
<tr><td colspan="2">项目经理</td><td colspan="2"></td><td>专业工长</td><td></td></tr>
<tr><td colspan="2">检验项目</td><td>质量验收
规范的规定</td><td colspan="2">施工单位
检查评定记录</td><td>监理(业主)
单位验收记录</td></tr>
<tr><td rowspan="3">主控项目</td><td>1. 压实度</td><td>符合试验路段确定的施工工艺</td><td colspan="2"></td><td rowspan="3"></td></tr>
<tr><td>2. 沉降差</td><td>不大于试验路段确定的沉降差</td><td colspan="2"></td></tr>
<tr><td></td><td></td><td colspan="2"></td></tr>
<tr><td rowspan="10">一般项目</td><td>1. 路床顶面质量</td><td>镶嵌牢固</td><td colspan="2"></td><td rowspan="10"></td></tr>
<tr><td>2. 路床表面质量</td><td>均匀、平整、稳定</td><td colspan="2"></td></tr>
<tr><td>3. 边坡质量</td><td>稳定、平顺，无松石</td><td colspan="2"></td></tr>
<tr><td>4. 路床纵断高程</td><td>－20，＋10 mm</td><td colspan="2"></td></tr>
<tr><td>5. 路床中心线偏移</td><td>≤30 mm</td><td colspan="2"></td></tr>
<tr><td>6. 路床平整度</td><td>≤20 mm</td><td colspan="2"></td></tr>
<tr><td>7. 路床宽度</td><td>不小于设计值＋B</td><td colspan="2"></td></tr>
<tr><td>8. 路床横坡</td><td>±0.3%且不反坡</td><td colspan="2"></td></tr>
<tr><td>9. 边坡</td><td>不陡于设计值</td><td colspan="2"></td></tr>
<tr><td></td><td></td><td colspan="2"></td></tr>
<tr><td colspan="2">施工单位
检查评定结果</td><td colspan="4">项目专业质量检查员:____________
项目专业质量(技术)负责人:__________
________年____月____日</td></tr>
<tr><td colspan="2">监理(业主)单位
验收结论</td><td colspan="4">监理工程师(业主单位项目技术负责人):__________
________年____月____日</td></tr>
</table>

注:本表格由施工项目专业质量检查员填写，监理工程师(业主单位项目技术负责人)组织项目专业质量(技术)负责人等进行验收。

田间道路挖方路基工程施工质量验收记录

工程名称：　　　　　　　　　　　　　　　　　　　　　　　　　　编号:06 - C46 -

分项工程名称				验收部位		
施工执行标准及编号		《土地整治专项工程施工质量检验标准》DB 42/T 563—2009				
项目经理				专业工长		
检验项目			质量验收规范的规定	施工单位检查评定记录		监理(业主)单位验收记录
主控项目	1. 预留碾压沉降高度		6.1.1.4 条			
	2. 石方路基及坡面稳定性		6.1.1.5 条			
一般项目	1. 路基及边坡外观		平整、顺直			
	2. 中线高程		-50,0 mm			
	3. 中线两侧宽度		不小于设计值			
	4. 平整度		≤30 mm			
	5. 横坡偏差		≤1%			
	6. 边坡	坡度	不陡于设计值			
		平顺度	设计要求			
	7. 轴线偏位		±50 mm			
施工单位检查评定结果			项目专业质量检查员: 项目专业质量(技术)负责人: 年　月　日			
监理(业主)单位验收结论			监理工程师(业主单位项目技术负责人): 年　月　日			

注:本表格由施工项目专业质量检查员填写,监理工程师(业主单位项目技术负责人)组织项目专业质量(技术)负责人等进行验收。

田间道路填方路基工程施工质量验收记录

工程名称： 编号：06－C47－

分项工程名称				验收部位	
施工执行标准及编号	《土地整治专项工程施工质量检验标准》DB 42/T 563—2009				
项目经理				专业工长	
检验项目			质量验收规范的规定	施工单位检查评定记录	监理（业主）单位验收记录
主控项目	1. 压实度		设计要求		
一般项目	1. 中线高程		－30，0 mm		
	2. 中线两侧宽度		不小于设计值		
	3. 平整度		≤30 mm		
	4. 横坡		≤1%		
	5. 边坡	坡度	不陡于设计值		
		平顺度	设计要求		
	6. 轴线偏位		±50 mm		
施工单位检查评定结果	项目专业质量检查员：________ 项目专业质量（技术）负责人：________ ____年___月___日				
监理（业主）单位验收结论	监理工程师（业主单位项目技术负责人）：________ ____年___月___日				

注：本表格由施工项目专业质量检查员填写，监理工程师（业主单位项目技术负责人）组织项目专业质量（技术）负责人等进行验收。

田间道路基层填筑工程施工质量验收记录

工程名称：　　　　　　　　　　　　　　　　　　　　　　　编号:06 - C48 -

分项工程名称			验收部位		
施工执行标准及编号	《土地整治专项工程施工质量检验标准》DB 42/T 563—2009				
项目经理			专业工长		
检验项目		质量验收规范的规定	施工单位检查评定记录	监理（业主）单位验收记录	
主控项目	1. 填筑分层及级配	6.1.3.1 条 6.1.3.2 条			
一般项目	1. 中线高程	–30,0 mm			
	2. 中线两侧宽度	不小于设计值			
	3. 横坡偏差	≤1%			
	4. 轴线偏位	±50 mm			
施工单位检查评定结果	项目专业质量检查员：________ 项目专业质量（技术）负责人：________ ____年____月____日				
监理（业主）单位验收结论	监理工程师（业主单位项目技术负责人）：________ ____年____月____日				

注:本表格由施工项目专业质量检查员填写,监理工程师（业主单位项目技术负责人）组织项目专业质量（技术）负责人等进行验收。

田间道路路肩及边沟工程施工质量验收记录

工程名称： 编号：06 - C49 -

分项工程名称			验收部位	
施工执行标准及编号	《土地整治专项工程施工质量检验标准》DB 42/T 563—2009			
项目经理			专业工长	
检验项目		质量验收规范的规定	施工单位检查评定记录	监理(业主)单位验收记录
主控项目	1. 路肩平整度、密实度	6.1.4.1 条		
	2. 边沟尺寸	设计要求		
	3. 边沟稳定性	6.1.4.6 条		
一般项目	1. 中线高程	–15,0 mm		
	2. 路肩宽度	不小于设计值		
	3. 横坡	≤1%		
	4. 轴线	±50 mm		
	5. 沟底高程	±50 mm		
	6. 沟底中线两侧宽度	不小于设计值		
	7. 边坡坡度	不陡于设计值		
施工单位检查评定结果	项目专业质量检查员：________ 项目专业质量(技术)负责人：________ ____年___月___日			
监理(业主)单位验收结论	监理工程师(业主单位项目技术负责人)：________ ____年___月___日			

注：本表格由施工项目专业质量检查员填写，监理工程师(业主单位项目技术负责人)组织项目专业质量(技术)负责人等进行验收。

石灰稳定土基层施工质量验收记录

工程名称： 编号:06 – C50 –

分项工程名称				验收部位	
施工执行标准及编号			《城镇道路工程施工与质量验收规范》CJJ 1—2008		
项目经理				专业工长	
检验项目			质量验收 规范的规定	施工单位 检查评定记录	监理(业主) 单位验收记录
主控项目	1. 原材料质量		7.8.1 条第 1 款		
	2. 基层压实度		≥95%		
	3. 底基层压实度		≥93%		
	4. 基层抗压强度		设计要求		
	5. 底基层抗压强度		设计要求		
一般项目	1. 表面外观		7.8.1 条第 4 款		
	2. 中线偏移		≤20 mm		
	3. 纵断高程	基层	±15 mm		
		底基层	±20 mm		
	4. 平整度	基层	≤10 mm		
		底基层	≤15 mm		
	5. 宽度		不小于设计值 + B		
	6. 横坡		±0.3%且不反坡		
	7. 厚度		±10 mm		
施工单位 检查评定结果	项目专业质量检查员： 项目专业质量(技术)负责人： 年 月 日				
监理(业主)单位 验收结论	监理工程师(业主单位项目技术负责人)： 年 月 日				

注:本表格由施工项目专业质量检查员填写,监理工程师(业主单位项目技术负责人)组织项目专业质量(技术)负责人等进行验收。

水泥稳定土基层施工质量验收记录

工程名称： 编号:06－C51－

分项工程名称				验收部位	
施工执行标准及编号			《城镇道路工程施工与质量验收规范》CJJ 1—2008		
项目经理				专业工长	
检验项目			质量验收规范的规定	施工单位检查评定记录	监理(业主)单位验收记录
主控项目	1. 原材料质量		7.8.2 条第 1 款		
	2. 基层压实度		≥95%		
	3. 底基层压实度		≥93%		
	4. 基层抗压强度		设计要求		
	5. 底基层抗压强度		设计要求		
一般项目	1. 表面外观		7.8.2 条第 4 款		
	2. 中线偏移		≤20 mm		
	3. 纵断高程	基层	±15 mm		
		底基层	±20 mm		
	4. 平整度	基层	≤10 mm		
		底基层	≤15 mm		
	5. 宽度		不小于设计值＋B		
	6. 横坡		±0.3%且不反坡		
	7. 厚度		±10 mm		
施工单位检查评定结果			项目专业质量检查员： 项目专业质量(技术)负责人： 年 月 日		
监理(业主)单位验收结论			监理工程师(业主单位项目技术负责人)： 年 月 日		

注:本表格由施工项目专业质量检查员填写,监理工程师(业主单位项目技术负责人)组织项目专业质量(技术)负责人等进行验收。

级配砂砾及级配砾石基层施工质量验收记录

工程名称：　　　　　　　　　　　　　　　　　　　　　　　　　　　　　　　编号:06－C52－

分项工程名称				验收部位	
施工执行标准及编号			《城镇道路工程施工与质量验收规范》CJJ 1—2008		
项目经理				专业工长	
检验项目			质量验收 规范的规定	施工单位 检查评定记录	监理（业主） 单位验收记录
主控项目	1.集料质量及级配		7.6.2 条		
	2.基层压实度		≥97%		
	3.底基层压实度		≥95%		
	4.弯沉值		不大于设计值		
一般项目	1.表面外观		7.8.3 条第 4 款		
	2.中线偏移		≤20 mm		
	3.纵断高程	基层	±15 mm		
		底基层	±20 mm		
	4.平整度	基层	≤10 mm		
		底基层	≤15 mm		
	5.宽度		不小于设计值＋B		
	6.横坡		±0.3%且不反坡		
	7.厚度	砂石	－10，＋20 mm		
		砾石	－10%厚度， ＋20 mm		
施工单位 检查评定结果			项目专业质量检查员：______ 项目专业质量（技术）负责人：______ ______年____月____日		
监理（业主）单位 验收结论			监理工程师（业主单位项目技术负责人）：______ ______年____月____日		

注：本表格由施工项目专业质量检查员填写，监理工程师（业主单位项目技术负责人）组织项目专业质量（技术）负责人等进行验收。

级配碎石及级配碎砾石基层施工质量验收记录

工程名称：　　　　　　　　　　　　　　　　　　　　　　　　编号：06 - C53 -

分项工程名称				验收部位	
施工执行标准及编号			《城镇道路工程施工与质量验收规范》CJJ 1—2008		
项目经理				专业工长	
检验项目			质量验收规范的规定	施工单位检查评定记录	监理（业主）单位验收记录
主控项目	1. 碎石与镶缝材料		7.7.1 条		
	2. 基层压实度		≥97%		
	3. 底基层压实度		≥95%		
	4. 弯沉值		不大于设计值		
一般项目	1. 表面外观		7.8.4 条第 4 款		
	2. 中线偏移		≤20 mm		
	3. 纵断高程	基层	±15 mm		
		底基层	±20 mm		
	4. 平整度	基层	≤10 mm		
		底基层	≤15 mm		
	5. 宽度		不小于设计值 + B		
	6. 横坡		±0.3% 且不反坡		
	7. 厚度	砂石	-10, +20 mm		
		砾石	-10% 厚度，+20 mm		
施工单位检查评定结果			项目专业质量检查员：＿＿＿＿ 项目专业质量（技术）负责人：＿＿＿＿ ＿＿年＿＿月＿＿日		
监理（业主）单位验收结论			监理工程师（业主单位项目技术负责人）：＿＿＿＿ ＿＿年＿＿月＿＿日		

注：本表格由施工项目专业质量检查员填写，监理工程师（业主单位项目技术负责人）组织项目专业质量（技术）负责人等进行验收。

沥青混合料(沥青碎石)基层施工质量验收记录

工程名称:　　　　　　　　　　　　　　　　　　　　　　　　　　编号:06－C54－

<table>
<tr><td colspan="2">分项工程名称</td><td></td><td>验收部位</td><td></td></tr>
<tr><td colspan="2">施工执行标准及编号</td><td colspan="3">《城镇道路工程施工与质量验收规范》CJJ 1—2008</td></tr>
<tr><td colspan="2">项目经理</td><td></td><td>专业工长</td><td></td></tr>
<tr><td colspan="2">检验项目</td><td>质量验收
规范的规定</td><td>施工单位
检查评定记录</td><td>监理(业主)
单位验收记录</td></tr>
<tr><td rowspan="3">主控项目</td><td>1. 原材料质量</td><td>8.5.1 条</td><td></td><td></td></tr>
<tr><td>2. 压实度</td><td>≥95%</td><td></td><td></td></tr>
<tr><td>3. 弯沉值</td><td>不大于设计值</td><td></td><td></td></tr>
<tr><td rowspan="11">一般项目</td><td>1. 表面外观</td><td>7.8.5 条第 4 款</td><td></td><td></td></tr>
<tr><td>2. 中线偏移</td><td>≤20 mm</td><td></td><td></td></tr>
<tr><td>3. 纵断高程</td><td>±15 mm</td><td></td><td></td></tr>
<tr><td>4. 平整度</td><td>≤10 mm</td><td></td><td></td></tr>
<tr><td>5. 宽度</td><td>不小于设计值 + B</td><td></td><td></td></tr>
<tr><td>6. 横坡</td><td>±0.3%且不反坡</td><td></td><td></td></tr>
<tr><td>7. 厚度</td><td>±15 mm</td><td></td><td></td></tr>
<tr><td></td><td></td><td></td><td></td></tr>
<tr><td></td><td></td><td></td><td></td></tr>
<tr><td></td><td></td><td></td><td></td></tr>
<tr><td></td><td></td><td></td><td></td></tr>
<tr><td colspan="2">施工单位
检查评定结果</td><td colspan="3">项目专业质量检查员:
项目专业质量(技术)负责人:
　　　　年　　月　　日</td></tr>
<tr><td colspan="2">监理(业主)单位
验收结论</td><td colspan="3">监理工程师(业主单位项目技术负责人):
　　　　年　　月　　日</td></tr>
</table>

注:本表格由施工项目专业质量检查员填写,监理工程师(业主单位项目技术负责人)组织项目专业质量(技术)负责人等进行验收。

热拌沥青混合料面层施工质量验收记录

工程名称：　　　　　　　　　　　　　　　　　　　　　　　　　编号:06 - C55 -

<table>
<tr><td colspan="3">分项工程名称</td><td></td><td>验收部位</td><td></td></tr>
<tr><td colspan="3">施工执行标准及编号</td><td colspan="3">《城镇道路工程施工与质量验收规范》CJJ 1—2008</td></tr>
<tr><td colspan="3">项目经理</td><td></td><td>专业工长</td><td></td></tr>
<tr><td colspan="3">检验项目</td><td>质量验收
规范的规定</td><td>施工单位
检查评定记录</td><td>监理(业主)
单位验收记录</td></tr>
<tr><td rowspan="4">主控项目</td><td colspan="2">1. 沥青混合料质量</td><td>8.5.1 条第 1 款</td><td></td><td rowspan="4"></td></tr>
<tr><td colspan="2">2. 面层压实度</td><td>≥95%</td><td></td></tr>
<tr><td colspan="2">3. 面层厚度</td><td>-5, +10 mm</td><td></td></tr>
<tr><td colspan="2">4. 弯沉值</td><td>不大于设计值</td><td></td></tr>
<tr><td rowspan="9">一般项目</td><td colspan="2">1. 表面外观</td><td>8.5.1 条第 3 款</td><td></td><td rowspan="9"></td></tr>
<tr><td colspan="2">2. 纵断高程</td><td>±15 mm</td><td></td></tr>
<tr><td colspan="2">3. 中线偏移</td><td>≤20 mm</td><td></td></tr>
<tr><td rowspan="2">4. 平整度</td><td>标准差</td><td>≤2.4 mm</td><td></td></tr>
<tr><td>最大间隙</td><td>≤5 mm</td><td></td></tr>
<tr><td colspan="2">5. 宽度</td><td>不小于设计值</td><td></td></tr>
<tr><td colspan="2">6. 横坡</td><td>±0.3%且不反坡</td><td></td></tr>
<tr><td rowspan="2">7. 抗滑</td><td>摩擦系数</td><td>设计要求</td><td></td></tr>
<tr><td>构造深度</td><td>设计要求</td><td></td></tr>
<tr><td colspan="3">施工单位
检查评定结果</td><td colspan="3">项目专业质量检查员:____________
项目专业质量(技术)负责人:____________
________年____月____日</td></tr>
<tr><td colspan="3">监理(业主)单位
验收结论</td><td colspan="3">监理工程师(业主单位项目技术负责人):____________
________年____月____日</td></tr>
</table>

注:本表格由施工项目专业质量检查员填写,监理工程师(业主单位项目技术负责人)组织项目专业质量(技术)负责人等进行验收。

冷拌沥青混合料面层施工质量验收记录

工程名称：　　　　　　　　　　　　　　　　　　　　　　　　编号:06 - C56 -

<table>
<tr><td colspan="3">分项工程名称</td><td></td><td>验收部位</td><td></td></tr>
<tr><td colspan="3">施工执行标准及编号</td><td colspan="3">《城镇道路工程施工与质量验收规范》CJJ 1—2008</td></tr>
<tr><td colspan="3">项目经理</td><td></td><td>专业工长</td><td></td></tr>
<tr><td colspan="3">检验项目</td><td>质量验收
规范的规定</td><td>施工单位
检查评定记录</td><td>监理(业主)
单位验收记录</td></tr>
<tr><td rowspan="4">主控项目</td><td colspan="2">1. 沥青混合料质量</td><td>8.1.7 条</td><td></td><td></td></tr>
<tr><td colspan="2">2. 面层压实度</td><td>≥95%</td><td></td><td></td></tr>
<tr><td colspan="2">3. 面层厚度</td><td>-5, +15 mm</td><td></td><td></td></tr>
<tr><td colspan="2">4. 弯沉值</td><td>不大于设计值</td><td></td><td></td></tr>
<tr><td rowspan="8">一般项目</td><td colspan="2">1. 表面外观</td><td>8.5.1 条第 3 款</td><td></td><td></td></tr>
<tr><td colspan="2">2. 纵断高程</td><td>+20 mm</td><td></td><td></td></tr>
<tr><td colspan="2">3. 中线偏移</td><td>≤20 mm</td><td></td><td></td></tr>
<tr><td colspan="2">4. 平整度</td><td>≤10 mm</td><td></td><td></td></tr>
<tr><td colspan="2">5. 宽度</td><td>不小于设计值</td><td></td><td></td></tr>
<tr><td colspan="2">6. 横坡</td><td>±0.3%且不反坡</td><td></td><td></td></tr>
<tr><td rowspan="2">7. 抗滑</td><td>摩擦系数</td><td>设计要求</td><td></td><td></td></tr>
<tr><td>构造深度</td><td>设计要求</td><td></td><td></td></tr>
<tr><td colspan="3">施工单位
检查评定结果</td><td colspan="3">项目专业质量检查员：________
项目专业质量(技术)负责人：________
______年____月____日</td></tr>
<tr><td colspan="3">监理(业主)单位
验收结论</td><td colspan="3">监理工程师(业主单位项目技术负责人)：________
______年____月____日</td></tr>
</table>

注：本表格由施工项目专业质量检查员填写，监理工程师(业主单位项目技术负责人)组织项目专业质量(技术)负责人等进行验收。

水泥混凝土面层施工质量验收记录

工程名称： 编号：06 - C57 -

分项工程名称				验收部位	
施工执行标准及编号			《城镇道路工程施工与质量验收规范》CJJ 1—2008		
项目经理				专业工长	
检验项目			质量验收规范的规定	施工单位检查评定记录	监理(业主)单位验收记录
主控项目	1. 原材料质量		10.8.1 条第 1 款		
	2. 混凝土弯拉强度		设计要求		
	3. 面层厚度		±5 mm		
	4. 抗滑构造深度		设计要求		
一般项目	1. 表面外观		10.8.1 条第 2、4)款		
	2. 伸缩缝质量		10.8.1 条第 2、5)款		
	3. 纵断高程		±15 mm		
	4. 中线偏移		≤20 mm		
	5. 平整度	标准差	≤2 mm		
		最大间隙	≤5 mm		
	6. 宽度		-20,0 mm		
	7. 横坡		±0.3%且不反坡		
	8. 相邻板高差		≤3 mm		
	9. 纵缝直顺度		≤10 mm		
	10. 横缝直顺度		≤10 mm		
	11. 蜂窝麻面面积		≤2%		
施工单位检查评定结果			项目专业质量检查员：______ 项目专业质量(技术)负责人：______ ____年__月__日		
监理(业主)单位验收结论			监理工程师(业主单位项目技术负责人)：______ ____年__月__日		

注：本表格由施工项目专业质量检查员填写，监理工程师(业主单位项目技术负责人)组织项目专业质量(技术)负责人等进行验收。

料石铺砌路面工程质量验收记录

工程名称：　　　　　　　　　　　　　　　　　　　　　　　　　　　　编号:06 - C58 -

<table>
<tr><td colspan="2">分项工程名称</td><td></td><td>验收部位</td><td colspan="2"></td></tr>
<tr><td colspan="2">施工执行标准及编号</td><td colspan="4">《城镇道路工程施工与质量验收规范》CJJ 1—2008</td></tr>
<tr><td colspan="2">项目经理</td><td></td><td>专业工长</td><td colspan="2"></td></tr>
<tr><td colspan="2">检验项目</td><td>质量验收
规范的规定</td><td colspan="2">施工单位
检查评定记录</td><td>监理(业主)
单位验收记录</td></tr>
<tr><td rowspan="2">主控项目</td><td>1. 石材质量、尺寸</td><td>11.3.1 条第 1 款</td><td colspan="2"></td><td rowspan="11"></td></tr>
<tr><td>2. 砂浆抗压强度</td><td>平均值符合设计规定,任一组试块不低于设计值的 85%</td><td colspan="2"></td></tr>
<tr><td rowspan="9">一般项目</td><td>1. 表面外观</td><td>11.3.1 条第 3 款</td><td colspan="2"></td></tr>
<tr><td>2. 纵断高程</td><td>±10 mm</td><td colspan="2"></td></tr>
<tr><td>3. 平整度</td><td>≤3 mm</td><td colspan="2"></td></tr>
<tr><td>4. 宽度</td><td>不小于设计值</td><td colspan="2"></td></tr>
<tr><td>5. 横坡</td><td>±0.3% 且不反坡</td><td colspan="2"></td></tr>
<tr><td>6. 井框与路面高差</td><td>≤3 mm</td><td colspan="2"></td></tr>
<tr><td>7. 相邻块高差</td><td>≤2 mm</td><td colspan="2"></td></tr>
<tr><td>8. 纵横缝直顺度</td><td>≤5 mm</td><td colspan="2"></td></tr>
<tr><td>9. 缝宽</td><td>−2, +3 mm</td><td colspan="2"></td></tr>
<tr><td colspan="2">施工单位
检查评定结果</td><td colspan="4">项目专业质量检查员:________________
项目专业质量(技术)负责人:________________
________年____月____日</td></tr>
<tr><td colspan="2">监理(业主)单位
验收结论</td><td colspan="4">监理工程师(业主单位项目技术负责人):____________
________年____月____日</td></tr>
</table>

注:本表格由施工项目专业质量检查员填写,监理工程师(业主单位项目技术负责人)组织项目专业质量(技术)负责人等进行验收。

预制混凝土砌块铺砌路面工程质量验收记录

工程名称： 编号:06－C59－

<table>
<tr><td colspan="2">分项工程名称</td><td></td><td>验收部位</td><td></td></tr>
<tr><td colspan="2">施工执行标准及编号</td><td colspan="3">《城镇道路工程施工与质量验收规范》CJJ 1—2008</td></tr>
<tr><td colspan="2">项目经理</td><td></td><td>专业工长</td><td></td></tr>
<tr><td colspan="2">检验项目</td><td>质量验收
规范的规定</td><td>施工单位
检查评定记录</td><td>监理(业主)
单位验收记录</td></tr>
<tr><td rowspan="2">主控项目</td><td>1. 砌块强度</td><td>设计要求</td><td></td><td rowspan="2"></td></tr>
<tr><td>2. 砂浆抗压强度</td><td>平均值符合设计规定,任一组试块不低于设计值的85%</td><td></td></tr>
<tr><td rowspan="8">一般项目</td><td>1. 表面外观</td><td>11.3.1 条第 3 款</td><td></td><td rowspan="8"></td></tr>
<tr><td>2. 纵断高程</td><td>±15 mm</td><td></td></tr>
<tr><td>3. 平整度</td><td>≤5 mm</td><td></td></tr>
<tr><td>4. 宽度</td><td>不小于设计值</td><td></td></tr>
<tr><td>5. 横坡</td><td>±0.3%且不反坡</td><td></td></tr>
<tr><td>6. 相邻块高差</td><td>≤3 mm</td><td></td></tr>
<tr><td>7. 纵横缝直顺度</td><td>≤5 mm</td><td></td></tr>
<tr><td>8. 缝宽</td><td>－2, +3 mm</td><td></td></tr>
<tr><td colspan="2">施工单位
检查评定结果</td><td colspan="3">项目专业质量检查员:＿＿＿＿＿＿＿＿
项目专业质量(技术)负责人:＿＿＿＿＿＿＿
＿＿＿年＿＿月＿＿日</td></tr>
<tr><td colspan="2">监理(业主)单位
验收结论</td><td colspan="3">监理工程师(业主单位项目技术负责人):＿＿＿＿＿＿＿
＿＿＿年＿＿月＿＿日</td></tr>
</table>

注:本表格由施工项目专业质量检查员填写,监理工程师(业主单位项目技术负责人)组织项目专业质量(技术)负责人等进行验收。

料石铺砌人行道路面工程质量验收记录

工程名称：　　　　　　　　　　　　　　　　　　　　　　　　　　　　　编号:06 - C60 -

<table>
<tr><td colspan="2">分项工程名称</td><td></td><td colspan="10">验收部位</td><td></td></tr>
<tr><td colspan="2">施工执行标准及编号</td><td colspan="12">《城镇道路工程施工与质量验收规范》CJJ 1—2008</td></tr>
<tr><td colspan="2">项目经理</td><td></td><td colspan="10">专业工长</td><td></td></tr>
<tr><td colspan="2">检验项目</td><td>质量验收
规范的规定</td><td colspan="10">施工单位
检查评定记录</td><td>监理(业主)
单位验收记录</td></tr>
<tr><td rowspan="3">主控项目</td><td>1. 路床与基层压实度</td><td>≥90%</td><td colspan="10"></td><td rowspan="3"></td></tr>
<tr><td>2. 砂浆抗压强度</td><td>设计要求</td><td colspan="10"></td></tr>
<tr><td>3. 石材强度、外观尺寸</td><td>设计要求
13.2.1 条</td><td colspan="10"></td></tr>
<tr><td rowspan="8">一般项目</td><td>1. 铺砌稳定性及外观</td><td>13.4.1 条第 5 款</td><td colspan="10"></td><td rowspan="8"></td></tr>
<tr><td>2. 平整度</td><td>≤3 mm</td><td></td><td></td><td></td><td></td><td></td><td></td><td></td><td></td><td></td><td></td></tr>
<tr><td>3. 横坡</td><td>±0.3%且不反坡</td><td></td><td></td><td></td><td></td><td></td><td></td><td></td><td></td><td></td><td></td></tr>
<tr><td>4. 相邻块高差</td><td>≤2 mm</td><td></td><td></td><td></td><td></td><td></td><td></td><td></td><td></td><td></td><td></td></tr>
<tr><td>5. 纵缝直顺度</td><td>≤10 mm</td><td></td><td></td><td></td><td></td><td></td><td></td><td></td><td></td><td></td><td></td></tr>
<tr><td>6. 横缝直顺度</td><td>≤10 mm</td><td></td><td></td><td></td><td></td><td></td><td></td><td></td><td></td><td></td><td></td></tr>
<tr><td>7. 缝宽</td><td>-2, +3 mm</td><td></td><td></td><td></td><td></td><td></td><td></td><td></td><td></td><td></td><td></td></tr>
<tr><td></td><td></td><td colspan="10"></td></tr>
<tr><td colspan="2">施工单位
检查评定结果</td><td colspan="12">项目专业质量检查员：____________
项目专业质量(技术)负责人：____________
______年____月____日</td></tr>
<tr><td colspan="2">监理(业主)单位
验收结论</td><td colspan="12">监理工程师(业主单位项目技术负责人)：____________
______年____月____日</td></tr>
</table>

注：本表格由施工项目专业质量检查员填写，监理工程师(业主单位项目技术负责人)组织项目专业质量(技术)负责人等进行验收。

混凝土砌块铺砌人行道路面工程质量验收记录

工程名称：　　　　　　　　　　　　　　　　　　　　　　　　编号:06－C61－

分项工程名称			验收部位	
施工执行标准及编号	《城镇道路工程施工与质量验收规范》CJJ 1—2008			
项目经理			专业工长	
检验项目		质量验收规范的规定	施工单位检查评定记录	监理(业主)单位验收记录
主控项目	1. 路床与基层压实度	≥90%		
	2. 砂浆抗压强度	设计要求		
	3. 砌块强度	设计要求		
一般项目	1. 铺砌稳定性及外观	13.4.2 条第 5 款		
	2. 平整度	≤5 mm		
	3. 横坡	±0.3%且不反坡		
	4. 相邻块高差	≤3 mm		
	5. 纵缝直顺度	≤10 mm		
	6. 横缝直顺度	≤10 mm		
	7. 缝宽	－2，＋3 mm		
施工单位检查评定结果	项目专业质量检查员： 项目专业质量(技术)负责人： 年　月　日			
监理(业主)单位验收结论	监理工程师(业主单位项目技术负责人)： 年　月　日			

注：本表格由施工项目专业质量检查员填写，监理工程师(业主单位项目技术负责人)组织项目专业质量(技术)负责人等进行验收。

沥青混合料铺筑人行道路面工程质量验收记录

工程名称：　　　　　　　　　　　　　　　　　　　　　　　　编号:06－C62－

<table>
<tr><td colspan="3">分项工程名称</td><td></td><td>验收部位</td><td></td></tr>
<tr><td colspan="3">施工执行标准及编号</td><td colspan="3">《城镇道路工程施工与质量验收规范》CJJ 1—2008</td></tr>
<tr><td colspan="3">项目经理</td><td></td><td>专业工长</td><td></td></tr>
<tr><td colspan="3">检验项目</td><td>质量验收
规范的规定</td><td>施工单位
检查评定记录</td><td>监理（业主）
单位验收记录</td></tr>
<tr><td rowspan="4">主控项目</td><td colspan="2">1. 路床与基层压实度</td><td>≥90%</td><td></td><td></td></tr>
<tr><td colspan="2">2. 沥青混合料品质</td><td>符合马歇尔试验
配合比要求</td><td></td><td></td></tr>
<tr><td colspan="2"></td><td></td><td></td><td></td></tr>
<tr><td colspan="2"></td><td></td><td></td><td></td></tr>
<tr><td rowspan="8">一般项目</td><td colspan="2">1. 沥青混合料压实度</td><td>≥95%</td><td></td><td></td></tr>
<tr><td colspan="2">2. 表面外观</td><td>13.4.3 条第 4 款</td><td></td><td></td></tr>
<tr><td rowspan="2">3. 平整度</td><td>沥青混凝土</td><td>≤5 mm</td><td></td><td></td></tr>
<tr><td>其他</td><td>≤7 mm</td><td></td><td></td></tr>
<tr><td colspan="2">4. 横坡</td><td>±0.3%且不反坡</td><td></td><td></td></tr>
<tr><td colspan="2">5. 厚度</td><td>±5 mm</td><td></td><td></td></tr>
<tr><td colspan="2"></td><td></td><td></td><td></td></tr>
<tr><td colspan="2"></td><td></td><td></td><td></td></tr>
<tr><td colspan="3">施工单位
检查评定结果</td><td colspan="3">项目专业质量检查员：
项目专业质量（技术）负责人：
　　　　年　　月　　日</td></tr>
<tr><td colspan="3">监理（业主）单位
验收结论</td><td colspan="3">监理工程师（业主单位项目技术负责人）：
　　　　年　　月　　日</td></tr>
</table>

注：本表格由施工项目专业质量检查员填写，监理工程师（业主单位项目技术负责人）组织项目专业质量（技术）负责人等进行验收。

田间道路泥结石路面施工质量验收记录

工程名称：　　　　　　　　　　　　　　　　　　　　　　编号:06 - C63 -

<table>
<tr><td colspan="3">分项工程名称</td><td></td><td>验收部位</td><td></td></tr>
<tr><td colspan="3">施工执行标准及编号</td><td colspan="3">《土地整治专项工程施工质量检验标准》DB 42/T 563—2009</td></tr>
<tr><td colspan="3">项目经理</td><td></td><td>专业工长</td><td></td></tr>
<tr><td colspan="3">检验项目</td><td>质量验收
规范的规定</td><td>施工单位
检查评定记录</td><td>监理(业主)
单位验收记录</td></tr>
<tr><td rowspan="5">主控项目</td><td colspan="2">1. 路面材料质量</td><td>6.1.5.1 条</td><td></td><td rowspan="5"></td></tr>
<tr><td colspan="2">2. 路面密实度</td><td>6.1.5.3 条</td><td></td></tr>
<tr><td colspan="2">3. 错车道位置</td><td>6.1.5.4 条</td><td></td></tr>
<tr><td colspan="2">4. 错车道尺寸及厚度</td><td>6.1.5.5 条</td><td></td></tr>
<tr><td colspan="2">5. 错车道周边的排水沟与排水边沟连接</td><td>平顺、排水通畅</td><td></td></tr>
<tr><td rowspan="9">一般项目</td><td colspan="2">1. 中线高程</td><td>±15 mm</td><td></td><td rowspan="9"></td></tr>
<tr><td colspan="2">2. 中线两侧宽度</td><td>不小于设计值</td><td></td></tr>
<tr><td colspan="2">3. 平整度</td><td>≤30 mm</td><td></td></tr>
<tr><td colspan="2">4. 横坡</td><td>≤1%</td><td></td></tr>
<tr><td rowspan="2">5. 边坡</td><td>坡度</td><td>不陡于设计值</td><td></td></tr>
<tr><td>平顺度</td><td>设计要求</td><td></td></tr>
<tr><td colspan="2">6. 轴线偏位</td><td>±50 mm</td><td></td></tr>
<tr><td colspan="2">7. 结构层厚度</td><td>-10 ~ 20 mm</td><td></td></tr>
<tr><td colspan="2"></td><td></td><td></td></tr>
<tr><td colspan="3">施工单位
检查评定结果</td><td colspan="3">项目专业质量检查员:
项目专业质量(技术)负责人:
年　月　日</td></tr>
<tr><td colspan="3">监理(业主)单位
验收结论</td><td colspan="3">监理工程师(业主单位项目技术负责人):
年　月　日</td></tr>
</table>

注:本表格由施工项目专业质量检查员填写,监理工程师(业主单位项目技术负责人)组织项目专业质量(技术)负责人等进行验收。

田间道路级配碎(砾)石路面施工质量验收记录

工程名称：　　　　　　　　　　　　　　　　　　　　　　编号:06－C64－

分项工程名称			验收部位	
施工执行标准及编号	《土地整治专项工程施工质量检验标准》DB 42/T 563—2009			
项目经理			专业工长	
检验项目		质量验收规范的规定	施工单位检查评定记录	监理(业主)单位验收记录
主控项目	1. 路面材料质量	6.1.6.1 条 6.1.6.3 条		
	2. 压实度控制措施	6.1.6.4 条 6.1.6.5 条		
一般项目	1. 错车道	6.1.6.6 条		
	2. 中线高程	±15 mm		
	3. 中线两侧宽度	不小于设计值		
	4. 平整度	≤30 mm		
	5. 横坡偏差	±20 mm 且≤1%		
	6. 边坡　坡度	不陡于设计值		
	6. 边坡　平顺度	设计要求		
	7. 轴线偏位	±50 mm		
	8. 结构层厚度	－10～20 mm		
施工单位检查评定结果	项目专业质量检查员：________ 项目专业质量(技术)负责人：________ ____年____月____日			
监理(业主)单位验收结论	监理工程师(业主单位项目技术负责人)：________ ____年____月____日			

注：本表格由施工项目专业质量检查员填写，监理工程师(业主单位项目技术负责人)组织项目专业质量(技术)负责人等进行验收。

田间道路水泥混凝土路面施工质量验收记录

工程名称:　　　　　　　　　　　　　　　　　　　　　　　　　　编号:06－C65－

<table>
<tr><td colspan="2">分项工程名称</td><td></td><td>验收部位</td><td></td></tr>
<tr><td colspan="2">施工执行标准及编号</td><td colspan="3">《土地整治专项工程施工质量检验标准》DB 42/T 563—2009</td></tr>
<tr><td colspan="2">项目经理</td><td></td><td>专业工长</td><td></td></tr>
<tr><td colspan="2">检验项目</td><td>质量验收
规范的规定</td><td>施工单位
检查评定记录</td><td>监理(业主)
单位验收记录</td></tr>
<tr><td rowspan="4">主控项目</td><td>1. 混凝土抗压强度</td><td>设计要求</td><td></td><td rowspan="4"></td></tr>
<tr><td>2. 混凝土抗折强度</td><td>设计要求</td><td></td></tr>
<tr><td>3. 面层厚度</td><td>±10 mm</td><td></td></tr>
<tr><td></td><td></td><td></td></tr>
<tr><td rowspan="10">一般项目</td><td>1. 宽度</td><td>不小于设计值</td><td></td><td rowspan="10"></td></tr>
<tr><td>2. 平整度</td><td>≤10 mm</td><td></td></tr>
<tr><td>3. 横断面高程</td><td>±15 mm</td><td></td></tr>
<tr><td>4. 相邻板高差</td><td>≤5 mm</td><td></td></tr>
<tr><td>5. 中线偏移</td><td>≤30 mm</td><td></td></tr>
<tr><td>6. 蜂窝麻面面积</td><td>≤每板块每侧面积 2%</td><td></td></tr>
<tr><td>7. 断板率</td><td>≤4%</td><td></td></tr>
<tr><td></td><td></td><td></td></tr>
<tr><td></td><td></td><td></td></tr>
<tr><td></td><td></td><td></td></tr>
<tr><td colspan="2">施工单位
检查评定结果</td><td colspan="3">项目专业质量检查员:____________________
项目专业质量(技术)负责人:______________
________年____月____日</td></tr>
<tr><td colspan="2">监理(业主)单位
验收结论</td><td colspan="3">监理工程师(业主单位项目技术负责人):______________
________年____月____日</td></tr>
</table>

注:本表格由施工项目专业质量检查员填写,监理工程师(业主单位项目技术负责人)组织项目专业质量(技术)负责人等进行验收。

农用地整治工程质量验收记录

工程名称：　　　　　　　　　　　　　　　　　　　　　　　　　　编号:07－C66－

<table>
<tr><td colspan="3">分项工程名称</td><td></td><td>验收部位</td><td></td></tr>
<tr><td colspan="3">施工执行标准及编号</td><td colspan="3">《土地整治专项工程施工质量检验标准》DB 42/T 563—2009</td></tr>
<tr><td colspan="3">项目经理</td><td></td><td>专业工长</td><td></td></tr>
<tr><td colspan="3">检验项目</td><td>质量验收
规范的规定</td><td>施工单位
检查评定记录</td><td>监理(业主)
单位验收记录</td></tr>
<tr><td rowspan="5">主控项目</td><td colspan="2">1. 格田形式</td><td>设计要求</td><td></td><td></td></tr>
<tr><td colspan="2">2. 整治范围</td><td>设计要求</td><td></td><td></td></tr>
<tr><td colspan="2">3. 土壤改良厚度</td><td>设计要求，设计无要求时≥600 mm</td><td></td><td></td></tr>
<tr><td colspan="2">4. 耕作层厚度</td><td>设计要求，设计无要求时≥250 mm</td><td></td><td></td></tr>
<tr><td colspan="2">5. 回填土有机质含量</td><td>设计要求，设计无要求时≥85%</td><td></td><td></td></tr>
<tr><td rowspan="8">一般项目</td><td rowspan="2">1. 平整度</td><td>水田</td><td>±50 mm</td><td></td><td></td></tr>
<tr><td>旱田</td><td>±80 mm</td><td></td><td></td></tr>
<tr><td colspan="2">2. 翻耕复犁幅度</td><td>≥90%</td><td></td><td></td></tr>
<tr><td colspan="2">3. 翻耕复犁深度</td><td>≥300 mm</td><td></td><td></td></tr>
<tr><td colspan="2"></td><td></td><td></td><td></td></tr>
<tr><td colspan="2"></td><td></td><td></td><td></td></tr>
<tr><td colspan="2"></td><td></td><td></td><td></td></tr>
<tr><td colspan="2"></td><td></td><td></td><td></td></tr>
<tr><td colspan="3">施工单位
检查评定结果</td><td colspan="3">项目专业质量检查员：
项目专业质量(技术)负责人：
年　月　日</td></tr>
<tr><td colspan="3">监理(业主)单位
验收结论</td><td colspan="3">监理工程师(业主单位项目技术负责人)：
年　月　日</td></tr>
</table>

注：本表格由施工项目专业质量检查员填写，监理工程师(业主单位项目技术负责人)组织项目专业质量(技术)负责人等进行验收。

未利用土地开发工程质量验收记录

工程名称：　　　　　　　　　　　　　　　　　　　　　　　　　　　　　　编号:07－C67－

<table>
<tr><td colspan="2">分项工程名称</td><td></td><td>验收部位</td><td></td></tr>
<tr><td colspan="2">施工执行标准及编号</td><td colspan="3">《土地整治专项工程施工质量检验标准》DB 42/T 563—2009</td></tr>
<tr><td colspan="2">项目经理</td><td></td><td>专业工长</td><td></td></tr>
<tr><td colspan="2">检验项目</td><td>质量验收
规范的规定</td><td>施工单位
检查评定记录</td><td>监理(业主)
单位验收记录</td></tr>
<tr><td rowspan="5">主控项目</td><td>1. 梯田连片程度</td><td>4.3.1.1 条</td><td></td><td rowspan="5"></td></tr>
<tr><td>2. 整治范围</td><td>设计要求</td><td></td></tr>
<tr><td>3. 坡面</td><td>4.3.1.2 条</td><td></td></tr>
<tr><td>4. 梯田平台</td><td>田面平整、田埂坚固</td><td></td></tr>
<tr><td>5. 田面填方</td><td>4.3.1.7 条</td><td></td></tr>
<tr><td rowspan="8">一般项目</td><td>1. 表土剥离厚度</td><td>≥200 mm</td><td></td><td rowspan="8"></td></tr>
<tr><td>2. 表土回填率</td><td>≥80%</td><td></td></tr>
<tr><td>3. 表土回填厚度</td><td>≥200 mm</td><td></td></tr>
<tr><td>4. 水平梯田(地)平整度</td><td>±100 mm</td><td></td></tr>
<tr><td>5. 地面翻松厚度</td><td>≥100 mm</td><td></td></tr>
<tr><td></td><td></td><td></td></tr>
<tr><td></td><td></td><td></td></tr>
<tr><td></td><td></td><td></td></tr>
<tr><td colspan="2">施工单位
检查评定结果</td><td colspan="3">项目专业质量检查员:____________________
项目专业质量(技术)负责人:______________
________年____月____日</td></tr>
<tr><td colspan="2">监理(业主)单位
验收结论</td><td colspan="3">监理工程师(业主单位项目技术负责人):______________
________年____月____日</td></tr>
</table>

注:本表格由施工项目专业质量检查员填写,监理工程师(业主单位项目技术负责人)组织项目专业质量(技术)负责人等进行验收。

植树工程质量验收记录

工程名称：　　　　　　　　　　　　　　　　　　　　　　　　　　编号：07－C68－

<table>
<tr><td colspan="3">分项工程名称</td><td></td><td>验收部位</td><td></td></tr>
<tr><td colspan="3">施工执行标准及编号</td><td colspan="3">《土地整治专项工程施工质量检验标准》DB 42/T 563—2009</td></tr>
<tr><td colspan="3">项目经理</td><td></td><td>专业工长</td><td></td></tr>
<tr><td colspan="3">检验项目</td><td>质量验收
规范的规定</td><td>施工单位
检查评定记录</td><td>监理(业主)
单位验收记录</td></tr>
<tr><td rowspan="4">主控项目</td><td colspan="2">1. 土壤质量</td><td>7.1.2 条</td><td></td><td rowspan="4"></td></tr>
<tr><td colspan="2">2. 种植穴(槽)位置</td><td>设计要求</td><td></td></tr>
<tr><td colspan="2">3. 成活率</td><td>设计要求，设计无要求时≥80%</td><td></td></tr>
<tr><td colspan="2"></td><td></td><td></td></tr>
<tr><td rowspan="9">一般项目</td><td colspan="2">1. 常绿乔木树高</td><td rowspan="3">不低于设计值</td><td></td><td rowspan="9"></td></tr>
<tr><td colspan="2">2. 落叶乔木胸径</td><td></td></tr>
<tr><td colspan="2">3. 花灌木冠颈</td><td></td></tr>
<tr><td rowspan="2">4. 树坑开挖</td><td>直径</td><td>±50 mm</td><td></td></tr>
<tr><td>深度</td><td>±30 mm</td><td></td></tr>
<tr><td colspan="2">5. 行列顺直度</td><td>±50 mm</td><td></td></tr>
<tr><td colspan="2">6. 行距</td><td>±50 mm</td><td></td></tr>
<tr><td colspan="2">7. 株距</td><td>±100 mm</td><td></td></tr>
<tr><td colspan="2"></td><td></td><td></td></tr>
<tr><td colspan="3">施工单位
检查评定结果</td><td colspan="3">项目专业质量检查员：
项目专业质量(技术)负责人：
年　月　日</td></tr>
<tr><td colspan="3">监理(业主)单位
验收结论</td><td colspan="3">监理工程师(业主单位项目技术负责人)：
年　月　日</td></tr>
</table>

注：本表格由施工项目专业质量检查员填写，监理工程师(业主单位项目技术负责人)组织项目专业质量(技术)负责人等进行验收。

草皮护坡工程质量验收记录

工程名称： 编号:07 - C69 -

分项工程名称			验收部位	
施工执行标准及编号	《土地整治专项工程施工质量检验标准》DB 42/T 563—2009			
项目经理			专业工长	
检验项目		质量验收规范的规定	施工单位检查评定记录	监理(业主)单位验收记录
主控项目	1. 种植地质量	7.2.2 条		
	2. 草块及草卷质量	7.2.3 条		
	3. 成活率	不小于设计值		
一般项目	1. 土层厚度	±20 mm		
	2. 每平方米播种量	不少于设计值		
	3. 发芽率	≥95%		
施工单位检查评定结果	项目专业质量检查员：＿＿＿＿＿＿ 项目专业质量(技术)负责人：＿＿＿＿＿＿ ＿＿＿年＿＿月＿＿日			
监理(业主)单位验收结论	监理工程师(业主单位项目技术负责人)：＿＿＿＿＿＿ ＿＿＿年＿＿月＿＿日			

注：本表格由施工项目专业质量检查员填写，监理工程师(业主单位项目技术负责人)组织项目专业质量(技术)负责人等进行验收。

蓄水池工程质量验收记录

工程名称:　　　　　　　　　　　　　　　　　　　　　　　　　　编号:07 - C70 -

<table>
<tr><td colspan="2">分项工程名称</td><td></td><td>验收部位</td><td></td></tr>
<tr><td colspan="2">施工执行标准及编号</td><td colspan="3">《土地整治专项工程施工质量检验标准》DB 42/T 563—2009</td></tr>
<tr><td colspan="2">项目经理</td><td></td><td>专业工长</td><td></td></tr>
<tr><td colspan="2">检验项目</td><td>质量验收
规范的规定</td><td>施工单位
检查评定记录</td><td>监理(业主)
单位验收记录</td></tr>
<tr><td rowspan="6">主控项目</td><td>1. 土方工程</td><td>5.10.1 条</td><td></td><td rowspan="6"></td></tr>
<tr><td>2. 混凝土工程</td><td>5.10.1 条</td><td></td></tr>
<tr><td>3. 砌体工程</td><td>5.10.1 条</td><td></td></tr>
<tr><td>4. 拦污、沉沙措施</td><td>齐全、完善</td><td></td></tr>
<tr><td>5. 防渗处理</td><td>5.10.6 条</td><td></td></tr>
<tr><td>6. 水池顶高出地面</td><td>≥300 mm</td><td></td></tr>
<tr><td rowspan="7">一般项目</td><td>1. 水池深度</td><td>±50 mm</td><td></td><td rowspan="7"></td></tr>
<tr><td>2. 进出水管高程</td><td>±30 mm</td><td></td></tr>
<tr><td>3. 长宽或直径</td><td>±30 mm</td><td></td></tr>
<tr><td></td><td></td><td></td></tr>
<tr><td></td><td></td><td></td></tr>
<tr><td></td><td></td><td></td></tr>
<tr><td></td><td></td><td></td></tr>
<tr><td colspan="2">施工单位
检查评定结果</td><td colspan="3">项目专业质量检查员:＿＿＿＿＿＿＿
项目专业质量(技术)负责人:＿＿＿＿＿＿＿
＿＿＿＿年＿＿月＿＿日</td></tr>
<tr><td colspan="2">监理(业主)单位
验收结论</td><td colspan="3">监理工程师(业主单位项目技术负责人):＿＿＿＿＿＿＿
＿＿＿＿年＿＿月＿＿日</td></tr>
</table>

注:本表格由施工项目专业质量检查员填写,监理工程师(业主单位项目技术负责人)组织项目专业质量(技术)负责人等进行验收。

渠道清淤工程质量验收记录

工程名称： 编号:07 - C71 -

<table>
<tr><td colspan="3">分项工程名称</td><td></td><td>验收部位</td><td></td></tr>
<tr><td colspan="3">施工执行标准及编号</td><td colspan="3">《土地整治专项工程施工质量检验标准》DB 42/T 563—2009</td></tr>
<tr><td colspan="3">项目经理</td><td></td><td>专业工长</td><td></td></tr>
<tr><td colspan="3">检验项目</td><td>质量验收
规范的规定</td><td>施工单位
检查评定记录</td><td>监理(业主)
单位验收记录</td></tr>
<tr><td rowspan="4">主控项目</td><td colspan="2">1. 边坡</td><td>5.11.2.2 条</td><td></td><td rowspan="4"></td></tr>
<tr><td colspan="2">2. 防治污染环境措施</td><td>5.11.2.3 条</td><td></td></tr>
<tr><td colspan="2">3. 清挖淤泥的综合利用</td><td>5.11.2.4 条</td><td></td></tr>
<tr><td colspan="2"></td><td></td><td></td></tr>
<tr><td rowspan="9">一般项目</td><td rowspan="2">1. 渠底
高程</td><td>底宽 <3 m</td><td>±50 mm</td><td></td><td rowspan="9"></td></tr>
<tr><td>底宽≥3 m</td><td>±100 mm</td><td></td></tr>
<tr><td colspan="2">2. 渠底中线每侧宽度</td><td>不小于设计值</td><td></td></tr>
<tr><td colspan="2">3. 边坡坡度</td><td>不陡于设计值</td><td></td></tr>
<tr><td rowspan="2">4. 边坡
平整度</td><td>垂直深度 <3 m</td><td>±30 mm</td><td></td></tr>
<tr><td>垂直深度≥3 m</td><td>±50 mm</td><td></td></tr>
<tr><td colspan="2"></td><td></td><td></td></tr>
<tr><td colspan="2"></td><td></td><td></td></tr>
<tr><td colspan="2"></td><td></td><td></td></tr>
<tr><td colspan="3">施工单位
检查评定结果</td><td colspan="3">项目专业质量检查员：
项目专业质量(技术)负责人：
____年___月___日</td></tr>
<tr><td colspan="3">监理(业主)单位
验收结论</td><td colspan="3">监理工程师(业主单位项目技术负责人)：
____年___月___日</td></tr>
</table>

注：本表格由施工项目专业质量检查员填写，监理工程师(业主单位项目技术负责人)组织项目专业质量(技术)负责人等进行验收。

混凝土衬砌渠道工程质量验收记录

工程名称： 编号:07 - C72 -

<table>
<tr><td colspan="2">分项工程名称</td><td colspan="2"></td><td>验收部位</td><td></td></tr>
<tr><td colspan="2">施工执行标准及编号</td><td colspan="4">《土地整治专项工程施工质量检验标准》DB 42/T 563—2009</td></tr>
<tr><td colspan="2">项目经理</td><td colspan="2"></td><td>专业工长</td><td></td></tr>
<tr><td colspan="3">检验项目</td><td>质量验收规范的规定</td><td>施工单位检查评定记录</td><td>监理(业主)单位验收记录</td></tr>
<tr><td rowspan="4">主控项目</td><td colspan="2">1. 土方工程</td><td>5.11.3.1 条</td><td></td><td rowspan="12"></td></tr>
<tr><td colspan="2">2. 混凝土工程</td><td>5.11.3.1 条</td><td></td></tr>
<tr><td colspan="2">3. 安装时预制混凝土槽的强度</td><td>不低于设计值的 80%</td><td></td></tr>
<tr><td colspan="2">4. 预制混凝土稳固程度及外观</td><td>5.11.3.3 条</td><td></td></tr>
<tr><td rowspan="8">一般项目</td><td colspan="2">1. 渠底高程</td><td>-15,0 mm</td><td></td></tr>
<tr><td rowspan="2">2. 表面平整度</td><td>现浇</td><td>≤10 mm</td><td></td></tr>
<tr><td>预制</td><td>≤8 mm</td><td></td></tr>
<tr><td rowspan="2">3. 现浇混凝土</td><td>厚度</td><td>±10 mm</td><td></td></tr>
<tr><td>垂直度</td><td>±10 mm</td><td></td></tr>
<tr><td colspan="2">4. 中线两侧宽度</td><td>0,15 mm</td><td></td></tr>
<tr><td colspan="2">5. 压顶线条</td><td>≤10 mm</td><td></td></tr>
<tr><td colspan="2">6. 预制构件壁厚</td><td>-3,10 mm</td><td></td></tr>
<tr><td colspan="3">施工单位
检查评定结果</td><td colspan="3">项目专业质量检查员：
项目专业质量(技术)负责人：
年 月 日</td></tr>
<tr><td colspan="3">监理(业主)单位
验收结论</td><td colspan="3">监理工程师(业主单位项目技术负责人)：
年 月 日</td></tr>
</table>

注：本表格由施工项目专业质量检查员填写，监理工程师(业主单位项目技术负责人)组织项目专业质量(技术)负责人等进行验收。

块石衬砌渠道工程质量验收记录

工程名称:　　　　　　　　　　　　　　　　　　　　　　　　　　　　编号:07 - C73 -

<table>
<tr><td colspan="2">分项工程名称</td><td></td><td>验收部位</td><td></td></tr>
<tr><td colspan="2">施工执行标准及编号</td><td colspan="3">《土地整治专项工程施工质量检验标准》DB 42/T 563—2009</td></tr>
<tr><td colspan="2">项目经理</td><td></td><td>专业工长</td><td></td></tr>
<tr><td colspan="2">检验项目</td><td>质量验收
规范的规定</td><td>施工单位
检查评定记录</td><td>监理(业主)
单位验收记录</td></tr>
<tr><td rowspan="4">主控项目</td><td>1. 土方工程</td><td>5.11.4.1 条</td><td></td><td rowspan="4"></td></tr>
<tr><td>2. 砌体土工程</td><td>5.11.4.1 条</td><td></td></tr>
<tr><td>3. 沉降缝</td><td>5.11.4.2 条</td><td></td></tr>
<tr><td>4. 砌筑工艺</td><td>5.11.4.3 条
5.11.4.4 条
5.11.4.5 条
5.11.4.6 条
5.11.4.7 条</td><td></td></tr>
<tr><td rowspan="7">一般项目</td><td>1. 渠底高程</td><td>-15,0 mm</td><td></td><td rowspan="7"></td></tr>
<tr><td>2. 砌体厚度</td><td>±15 mm</td><td></td></tr>
<tr><td>3. 中线两侧宽度</td><td>0,15 mm</td><td></td></tr>
<tr><td>4. 表面平整度</td><td>≤30 mm</td><td></td></tr>
<tr><td>5. 压顶线条顺直度</td><td>≤10 mm</td><td></td></tr>
<tr><td></td><td></td><td></td></tr>
<tr><td></td><td></td><td></td></tr>
<tr><td colspan="2">施工单位
检查评定结果</td><td colspan="3">项目专业质量检查员:
项目专业质量(技术)负责人:
年　月　日</td></tr>
<tr><td colspan="2">监理(业主)单位
验收结论</td><td colspan="3">监理工程师(业主单位项目技术负责人):
年　月　日</td></tr>
</table>

注:本表格由施工项目专业质量检查员填写,监理工程师(业主单位项目技术负责人)组织项目专业质量(技术)负责人等进行验收。

涵管工程质量验收记录

工程名称：　　　　　　　　　　　　　　　　　　　　　　　　编号:07 - C74 -

<table>
<tr><td colspan="3">分项工程名称</td><td></td><td>验收部位</td><td></td></tr>
<tr><td colspan="3">施工执行标准及编号</td><td colspan="3">《土地整治专项工程施工质量检验标准》DB 42/T 563—2009</td></tr>
<tr><td colspan="3">项目经理</td><td></td><td>专业工长</td><td></td></tr>
<tr><td colspan="3">检验项目</td><td>质量验收
规范的规定</td><td>施工单位
检查评定记录</td><td>监理(业主)
单位验收记录</td></tr>
<tr><td rowspan="8">主控项目</td><td colspan="2">1. 土方工程</td><td>5.15.1 条</td><td></td><td rowspan="8"></td></tr>
<tr><td colspan="2">2. 混凝土工程</td><td>5.15.1 条</td><td></td></tr>
<tr><td colspan="2">3. 砌体工程</td><td>5.15.1 条</td><td></td></tr>
<tr><td colspan="2">4. 管道规格、型号、质量</td><td>设计要求</td><td></td></tr>
<tr><td colspan="2" rowspan="2">5. 管道安装质量</td><td>5.15.3 条</td><td></td></tr>
<tr><td>5.15.4 条
5.15.5 条</td><td></td></tr>
<tr><td rowspan="2">6. 覆土厚度</td><td>管径≤400 mm</td><td>≥500 mm</td><td></td></tr>
<tr><td>管径＞400 mm</td><td>≥管径</td><td></td></tr>
<tr><td rowspan="9">一般项目</td><td colspan="2">1. 槽底高程</td><td>-30,0 mm</td><td></td><td rowspan="9"></td></tr>
<tr><td colspan="2">2. 槽底中线两侧宽度</td><td>不小于设计值</td><td></td></tr>
<tr><td colspan="2">3. 中线两侧宽度</td><td>0,15 mm</td><td></td></tr>
<tr><td rowspan="2">4. 平基</td><td>高程</td><td>-15,0 mm</td><td></td></tr>
<tr><td>厚度</td><td>不小于设计值</td><td></td></tr>
<tr><td rowspan="2">5. 管座</td><td>肩宽</td><td>-5,10 mm</td><td></td></tr>
<tr><td>肩高</td><td>±20 mm</td><td></td></tr>
<tr><td colspan="2">6. 管内底高程</td><td>±10 mm</td><td></td></tr>
<tr><td colspan="2">7. 管道抹带宽度、厚度</td><td>0,20 mm</td><td></td></tr>
<tr><td colspan="3">施工单位
检查评定结果</td><td colspan="3">项目专业质量检查员：
项目专业质量(技术)负责人：
年　月　日</td></tr>
<tr><td colspan="3">监理(业主)单位
验收结论</td><td colspan="3">监理工程师(业主单位项目技术负责人)：
年　月　日</td></tr>
</table>

注：本表格由施工项目专业质量检查员填写，监理工程师(业主单位项目技术负责人)组织项目专业质量(技术)负责人等进行验收。

管井工程质量验收记录

工程名称：　　　　　　　　　　　　　　　　　　　　　　　　　　　　　　　编号:08 - C75 -

<table>
<tr><td colspan="3">分项工程名称</td><td></td><td>验收部位</td><td></td></tr>
<tr><td colspan="3">施工执行标准及编号</td><td colspan="3">《供水管井设计、施工及验收规范》CJJ 10—86</td></tr>
<tr><td colspan="3">项目经理</td><td></td><td>专业工长</td><td></td></tr>
<tr><td colspan="3">检验项目</td><td>质量验收
规范的规定</td><td>施工单位
检查评定记录</td><td>监理(业主)
单位验收记录</td></tr>
<tr><td rowspan="4">主控项目</td><td colspan="2">1. 单位出水量</td><td>设计要求</td><td></td><td rowspan="4"></td></tr>
<tr><td colspan="2">2. 井水含沙量(体积比)</td><td>1/2 000 000</td><td></td></tr>
<tr><td colspan="2">3. 超污染指标的含水层处理情况</td><td>严密封闭</td><td></td></tr>
<tr><td colspan="2">4. 井内沉淀物高度</td><td>≤5‰井深</td><td></td></tr>
<tr><td rowspan="9">一般项目</td><td rowspan="3">1. 井管安装误差</td><td>井管上口</td><td>保持水平</td><td></td><td rowspan="9"></td></tr>
<tr><td>井管与井深尺寸偏差</td><td>±2‰</td><td></td></tr>
<tr><td>过滤管位置</td><td>±300 mm</td><td></td></tr>
<tr><td rowspan="4">2. 井身弯曲度</td><td>井身</td><td>圆正</td><td></td></tr>
<tr><td>井顶角与方位角</td><td>不突变</td><td></td></tr>
<tr><td>井身倾斜　井深 100 m 以内</td><td>≤1°</td><td></td></tr>
<tr><td>井身倾斜　井深 100 m 以下</td><td>≤1.5°/100 m</td><td></td></tr>
<tr><td></td><td></td><td></td><td></td></tr>
<tr><td></td><td></td><td></td><td></td></tr>
<tr><td colspan="3">施工单位
检查评定结果</td><td colspan="3">项目专业质量检查员:____________
项目专业质量(技术)负责人:____________
______年____月____日</td></tr>
<tr><td colspan="3">监理(业主)单位
验收结论</td><td colspan="3">监理工程师(业主单位项目技术负责人):____________
______年____月____日</td></tr>
</table>

注:本表格由施工项目专业质量检查员填写,监理工程师(业主单位项目技术负责人)组织项目专业质量(技术)负责人等进行验收。

勘查工程单孔验收记录

工程名称： 编号:09－C76－

钻孔类型		钻孔编号		孔径高程	
X坐标		Y坐标		地面	
终孔深度		终孔条件			

主要工作量

取芯	____个	水样	____个	标贯动探	____个	其他	

试验位置	试验类型	试验位置	试验类型
	取芯/水样/动探/标贯/其他：		取芯/水样/动探/标贯/其他：
	取芯/水样/动探/标贯/其他：		取芯/水样/动探/标贯/其他：
	取芯/水样/动探/标贯/其他：		取芯/水样/动探/标贯/其他：
	取芯/水样/动探/标贯/其他：		取芯/水样/动探/标贯/其他：
	取芯/水样/动探/标贯/其他：		取芯/水样/动探/标贯/其他：
	取芯/水样/动探/标贯/其他：		取芯/水样/动探/标贯/其他：
	取芯/水样/动探/标贯/其他：		取芯/水样/动探/标贯/其他：
	取芯/水样/动探/标贯/其他：		取芯/水样/动探/标贯/其他：
	取芯/水样/动探/标贯/其他：		取芯/水样/动探/标贯/其他：
	取芯/水样/动探/标贯/其他：		取芯/水样/动探/标贯/其他：
	取芯/水样/动探/标贯/其他：		取芯/水样/动探/标贯/其他：
	取芯/水样/动探/标贯/其他：		取芯/水样/动探/标贯/其他：

勘查单位意见： 项目经理：________ ________年____月____日	监理单位意见： 监理工程师：________ ________年____月____日

注：本表格一式三份：业主、监理、勘查单位各执一份。

参 考 文 献

[1] 中华人民共和国建设部. GB 50300—2001 建设工程施工质量验收统一标准[S]. 北京:中国建筑工业出版社,2001.

[2] 国土资源部长江三峡库区地质灾害防治工作指挥部. DZ/T 0222—2006 地质灾害防治工程监理规范[S]. 北京:中国标准出版社,2011.

[3] 中华人民共和国建设部. GB 50319—2000 建设工程监理规范[S]. 北京:中国建筑工业出版社,2001.

[4] 上海市建设和管理委员会. GB 50202—2002 建筑地基基础工程施工质量验收规范[S]. 北京:中国计划出版社,2002.

[5] DBJ/T 50 - 100—2010 建筑边坡工程施工质量验收规范[S]. 重庆:重庆市建设委员会发布,2011.

[6] 陕西省住房和城乡建设厅. GB 50203—2011 砌体结构工程施工质量验收规范[S]. 北京: 中国建筑工业出版社,2011.

[7] 中华人民共和国建设部. GB 50210—2001 建筑装饰装修工程质量验收规范[S]. 北京: 中国建筑工业出版社,2002.

[8] 中华人民共和国建设部. GB 50204—2002 混凝土结构工程施工质量验收规范[S]. 北京: 中国建筑工业出版社,2011.

[9] 中华人民共和国住房和城乡建设部. CJJ 1—2008 城镇道路工程施工与质量验收规范[S]. 北京:中国建筑工业出版社,2008.

[10] 湖北省国土资源厅国土整治办公室. DB 42/T 563—2009 土地整治专项工程施工质量检验标准[S]. 武汉:湖北省质量技术监督局发布,2009.

[11] 天津市园林管理局. CJJ/T 82—99 城市绿化工程施工及验收规范[S]. 北京: 中国建筑工业出版社,1999.

[12] 中建一局集团建设发展有限公司. JGJ/T 185—2009 建筑工程资料管理规程[S]. 北京:中国建筑工业出版社,2010.

参考文献